一生三赢

东篱子◎编著

中国华侨出版社

·北京·

图书在版编目 (CIP) 数据

一生三忌 / 东篱子编著 .—北京：中国华侨出版
社，2005.6（2024.7 重印）
ISBN 978-7-80120-974-0

Ⅰ.①一… Ⅱ.①东… Ⅲ.①人生哲学–通俗读物
Ⅳ.① B821-49

中国版本图书馆 CIP 数据核字（2005）第 054801 号

一生三忌

编　　著：东篱子
责任编辑：唐崇杰
封面设计：周　飞
经　　销：新华书店
开　　本：710 mm × 1000 mm　1/16 开　　印张：12　字数：136 千字
印　　刷：三河市富华印刷包装有限公司
版　　次：2005 年 6 月第 1 版
印　　次：2024 年 7 月第 2 次印刷
书　　号：ISBN 978-7-80120-974-0
定　　价：49.80 元

中国华侨出版社　北京市朝阳区西坝河东里 77 号楼底商 5 号　邮编：100028
发 行 部：（010）64443051　　传　真：（010）64439708
网　　址：www.oveaschin.com　　E－mail：oveaschin@sina.com

如果发现印装质量问题，影响阅读，请与印刷厂联系调换。

前 言
Preface

　　我们生存的社会环境当中有很多禁忌，这些禁忌规范着人们的生活，比如国家的法律法规、民风习俗或者一些约定俗成的生活习惯等等。尽量了解诸如此类的禁忌，可以使自己少犯不必要的错误，少走不该走的弯路。

　　但我们在这里不想过多地探讨上述的忌讳问题，也并非深究一些细而化之的内容，诸如送礼的禁忌、握手的禁忌等等，而是关注那些在为人处世、求取成功的过程中对自己危害最大、又最容易犯的错误，这是人生的大忌，是一个人一生中须永远警觉的。

　　这些特别需要忌讳的东西，影响甚至左右着我们的事业和生活。它悄无声息地隐藏于我们的性格、习惯和为人处世的方式当中。它不带有强迫性，如果你触犯了这些禁忌，没有什么组织和个人站出来阻止、声讨你，但它却会让你独自品尝犯忌所带给你的失败的苦果；它是无形的，往往让你钻进了禁忌的套子而不自知；它又是如此强大，即使你已认识到其危害性也很难摆脱它的束缚，因为这些东西一旦生成便已成为你身体的一部分。

　　在我们求索成功的道路上，这些应该为我们所忌讳的东西就像一只只如饥似渴的拦路虎，准备随时一口吞掉我们为成功所付出的所有努力。对这些禁忌的认识和规避需要拿出十二分的用心和决心。

但是，绝不能片面地、简单化地理解这些忌讳，因为它不是几款简单的条文所能概括和包容的，细细探究，你会发现其中蕴涵着丰富的人生智慧和成功秘诀。

在这里我们把人生当中应时时忌讳的东西做一个总结，归纳为以下三大类情况：

第一忌是死要面子。在有的人的脑子里，面子是天大的事情，不知不觉中便把面子扩大化，把很多不该要的面子也贴在自己的脸上，这就成了死要面子。一个人一旦死要面子，便会不顾一切，甚至以亲情、友情以及个人的前途为代价保住那一点可怜的面子。因此，死要面子实在为人生之忌。

第二忌是做事单打独斗。这是人的本性使然，但多数人并没有认识到自己的这一本性。实际上，单打独斗的做事方法在我们的工作中、人际交往中常能见到。单打独斗的表现或者为个人英雄主义，出风头、吃独食，或者是做事机械，不知道团结他人、借用他人的力量。单打独斗的做法是很多事情的最大败因。

第三忌是心不设防。社会上好人多不假，但必须承认坏人还是存在的。如果你对坏人的害人行为不加防范，可能会深受其害，成为它的牺牲品。心存一点防范之心，于人无害，于己有利。

我们见过太多的失败者，这些人中有很多不是没有能力，不是没有努力，也不是没有遇到好的机会，而是对这人生三忌不了解、不记取、不引以为戒。其实即使成功者也应不断告诫自己：人之一生有三忌，你犯忌了没有？

目　录
Contents

二忌
单打独斗：善于借用他人的力量才是智者

中国有句俗话，"一个人浑身是铁能捻几根钉？"诚然，凡事总想凭一己之力是很难成事的。很多人不是没有能力，不是不能吃苦，但最后仍然沦于平庸，回过头来总结一下，很大程度上是犯了"单打独斗"这一人生大忌。只有善于借用和依靠他人的力量，做事情才会事半功倍，才是人生舞台上的智者和强者。

三忌
心不设防：存一点防范之心以保护自己

应该承认社会上好人多，但不能否认的是坏人也不少。这里的"坏人"不一定都是大奸大恶——杀抢盗骗的匪人或老谋深算处处设陷阱的奸人。在我们的身边可以定义为"坏人"的绝大多数也许只是有一些小毛病之人，但如果你对别人的这些小毛病不加注意和防范，可能会深受其害，成为它的牺牲品。心存一点防范之心，于人无害，于己有利。

第七章　防范喜欢传播流言蜚语的人 //134

一忌

死要面子：

别让面子挡了自己的路

在很多人的脑子里，面子是天大的事，利益可以丢，朋友可以反目，面子无论如何不能不要。俗话说"人要脸树要皮"，爱面子可以让一个人保持应有的自尊，但如果把面子无限扩大化，对很多不该要的面子也死抱硬揣着不放，面子问题就会成为阻碍个人成长、个人前途的大问题。古今中外正反两方面的例子都证明：死要面子是人生大忌，千万别让面子挡住自己通往成功的道路。

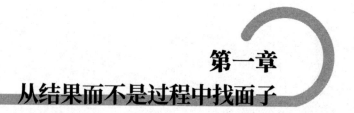

第一章
从结果而不是过程中找面子

爱面子是人之常情，但不能死要面子。死要面子的表现之一是遇事不注重结果，不知道隐藏自己，什么事情都要走到前台来争一争面子，而这样争的结果大多是让自己灰溜溜得很没面子。其实，越是会做事的人越善于躲在幕后，把台前的面子留给别人，自己想要并能得到的却是事情圆满之后的大面子。

先给别人面子自己才有面子

一般来说，人们都很不情愿接受别人指手画脚的命令，因为这容易激起他们的逆反心理，让他觉得自己没面子，以致事情走向你所希望的反面。而若是从对方的立场出发，将他的思路引导到你的思路上来，让他站到你所搭建的舞台上，往往会更容易达到自己的目的。

著名的牧师约翰·古德诺在他的著作《如何把人变成黄金》中举了这样一个例子：

多年来，作为消遣，我常常在距家不远的公园散步、骑马，我很喜欢橡树，所以每当我看见小橡树和灌木被不小心引起的火烧死，就非常痛心，这些火不是粗心的吸烟者引起，它们大多是那些到公园里玩耍的孩子引起，火势有时候很猛，需要消防队才能扑灭。

在公园边上有一个布告牌警告说：凡引起火灾的人会受到罚款甚至拘禁。

但是，这个布告牌竖在一个人们很难看到的地方，儿童更是不能看到它。有一位骑马的警察负责保护公园，但他很不尽职，火仍然常常蔓延。

有一次，我跑到一个警察那里，告诉他有一处着火了，而且蔓延得很快，我要求他通知消防队，他却冷淡地回答说，那不是他的事，因为不在他的管辖区域内。我急了，所以从那以后，当我骑马出去的时候，我就担任自己委任的"单人委员会"的委员，保护公共场所。当我看见树下着火，我非常不高兴。最初，我警告那些小孩子，引火可能被拘禁，我用权威的口气，命令他们把火扑灭。如果他们拒绝，我就恫吓他们，要将他们送去警察局——我在发泄我的反感。

结果呢？儿童们当面服从了，满怀反感地服从了。当我消失在山后边时，他们又会重新点火。让火烧得更旺——希望把全部树木烧光。

这样的事情发生多了，我慢慢教会自己多掌握一点人际关系的知识，用一点手段，一点从对方立场看事情的方法。

于是我不再下命令，我骑马到火堆前，开始这样说：

"孩子们，很高兴吧？你们在做什么晚餐……当我是一个小孩子时，我也喜欢生火玩，到现在还喜欢。但你们知道在这个公园里，火是很危险的，我知道你们没有恶意，但别的孩子们就不同了，他们看见你们生火，他们也会生一大堆火，回家的时候也不扑灭，让火在干叶中蔓延，伤害了树木。如果我们再不小心，我们这儿就没有树了。因为生火，你们可能被拘下狱，我当然不愿意干涉你们的快乐，我喜欢看你们玩耍。请你们让树叶离火远些好不好？在你们离开以前，请你们小心用土将火盖起来，好不好？下次你们再玩时，请你们在那边沙堆上生火，好不好？那里不会有危险……多谢，孩子们，祝你们快乐！"

这种说法产生的效果有多大！

它让儿童们乐意合作，没有怨恨，没有反感。他们没有被强制服从命令，他们觉得好，我也觉得好。因为我考虑了他们的观点——他们要的是生火玩，而我达到了我的目的——不发生火灾，不毁坏树木。

明天，也许你会劝说别人做些什么事情。在你开口之前，先停下来问自己："我如何使他心甘情愿地做这件事呢？"也许可以使我们不至于冒失地、毫无结果地去跟别人谈论我们的愿望。

如果我们托人办事——借别人出面出力去做成我们筹划的事——这种策略肯定是应该首先考虑的：以对方的眼光和情感作为切入角度，通过给人面子的方式，引导他"变成"自己，这样，他自然会乐意爽快地"替"你把事情办好。

用面子引导别人的思路

做事要想有一个好的结果，面子是一个很好的切入点。比如你可以顺着别人的思路来，以之作为促成思路逐步接近的前提。

罗斯福做纽约州长的时候，完成了一项项特殊事业。他与其他政治首脑们感情并不好，但他却能推行他们最不喜欢的改革。

他是如何做的呢？

当有重要位置需要补缺的时候，罗斯福请政治首脑们推荐。

"最初，"罗斯福说，"他们会推荐一个能力很差的人选，一个需要'照顾'的那种人。我就告诉他们，任命这样一个人，我不能算是一个好的政治家，因为公众不会同意。"

"然后，他们向我提出另一个工作不主动的候选人，是来混差事的那种人。这个人工作没有失误，但也不会有什么很好的政绩，我就告诉他们，这个人也不能满足公众的期望，我请他们看看，能不能找到一个更适合这个位置的人。"

"他们的第三个提议是一个差不多够格的人，但也不十分合适。"

"于是我感谢他们，请他们再试一次。他们这时就提出了我自己选中的那个人。我对他们的帮助表示感谢，然后我说就任命这个人吧。我让他们得到了推荐人选的功劳……我请他们帮我做这些事，为的是使他们愉快，现在轮到他们使我愉快了。"

他们真的这样做了。

他们赞成各种改革，如公民服役案、免税案等等，这使罗斯福工作很愉快。

当罗斯福任命重要人员时，他使首脑们真正地感觉到了，是他们"自己"选择了候选人，那个任命是他们最早提出的，这让他们感觉得到了莫大的面子。

再看看艾登在这方面是怎么做的。艾登·博格基尼是美国著名的音乐经纪人之一。他曾做过许多世界著名演唱家的经纪人，并且十分成功。

众所周知，明星是最难相处的，由于舆论和社会的吹捧，他们的身价十分高。这从客观上使他们形成了一种孤高、不可一世的气质。他们那种不合作的态度时常令一些音乐经纪人十分头痛。

卡尼斯·基尔勃格是美国著名的男高音歌唱明星，他那浑厚、激昂的声音赢得了众人的青睐。但就是这种青睐，使他养成了一种坏脾气。但是，艾登·博格基尼却成功地做他的音乐经纪人达5年之久。说到其中奥妙，艾登·博格基尼谈了一件令他难忘的事：

一次演出的头天晚上，卡尼斯·基尔勃格在与朋友的聚会上不小心吃了一点辣椒。结果可想而知。万幸的是及时采取了措施，还没有什么大的妨碍。

但是当天下午4点，卡尼斯·基尔勃格打电话给艾登·博格基尼，说他的嗓子又痛了起来，无法演出。

这下急坏了博格基尼，他立刻赶到了基尔勃格的住所，询问他的情况。他十分明智，没有提当天晚上的演出，只是叮嘱他好好休息。

下午6点，博格基尼又来询问了一次，基尔勃格看起来仍十分难受，博格基尼只好压住焦急的情绪，安慰了他几句。

晚上7点，仍不见好转，博格基尼对基尔勃格说：

"既然你仍不能进入状态，那就只好取消这次演出了，虽然这会使你少收入几千美元，但这比起你的荣誉来，算不了什么。"就在博格基尼驱车前往纽约歌剧院，打算取消这次演出时，基尔勃格终于打电话来了，并表示愿意参加今天晚上的演出，因为，他觉得如果不这样做，就对不起博格基尼，是博格基尼的慰藉使他恢复了状态。

在这两个故事中，罗斯福和博格基尼都没有直接说出自己的意思，而是顺着对方的意图，晓以利害，这样就使他们自觉地回到罗斯福和博格基尼的"圈套"里来了。所以说，这其实是一种高明的策划手段，既达到目的，又不露痕迹。

威尔森是专门为一家设计花样的画室推销草图的推销员，对象是服装设计师和纺织品制造商。一连三个月，他每个礼拜都去拜访纽约一位著名的服装设计师。"他从来不会拒绝我，每次接待我都很热情"，他说，"但是他也从来不买我推销的那些图纸，他总是很有礼貌地跟我谈话，还很仔细地看我带去的东西。可到了最后总是那句话，'威尔森，我看我们是做不成这笔生意的。'"

经历了无数次的失败，威尔森总结了经验，他太遵循那老一套的推销方法了：一见面就拿出自己的图纸，滔滔不绝地讲它的构思、创意，新奇在何处，该用到什么地方，客户都听得烦了，是出于礼貌才让他说完的。威尔森认识到这种方法已太落后，需要改进。于是他下定决心，每个星期都抽出一个晚上去看处世方面的书，思考为人处世的哲学，以求从中找到一个更有效的推销方法。

过了不久，他想出了对付那位服装设计师的方法。他了解到那位服装设计师比较自负，别人设计的东西他大多看不上眼，于是就抓起几张尚未完成的设计草图来到他的办公室。"鲍勃先生，如果你愿意的话，能否帮我一个小忙？"他对服装设计师说，"这里有几张我们尚未完成的草图，能否请你告诉我，我们应该如何完成它们，才能对你有用处呢？"那位设计师仔细地看了看图纸，发现设计人的初衷很有创意，就说："威尔森，你把这些图纸留在这里让我看看吧。"

几天过去了，威尔森再次来到办公室，服装设计师对这几张图纸提出了一些建议。威尔森用笔记下来，然后回去按照他的意思很快就把草图完成了。结果是服装设计师大为满意，全部接受了。

从那之后，威尔森总是去问买主的意见，然后根据买主的意见绘制图纸。那位买主订购了许多图纸，因为这相当于他自己设计的。威尔森从中赚了不少的佣金。"我现在才明白，那么多天过去了，为什么我和他不能做成买卖，"威尔森若有所思地说，"我在以前总是催促他快来买，还告诉他这是他应该买的，买了对他很有用，而他却不以为然，认为这里不合适，那里不新颖。而现在我按他的意思去做，他觉得是他自己创造的。这就满足了他内心中那种渴望——自己的优越感、表现欲，他不能拒绝'他自己的'东西吧？这就变成了他要而不是我推销，工作起来就容易多了。"

没有人喜欢被强迫购买或遵守命令行事。买主会说："我们宁愿觉得是出于自愿去购买这些东西，或者是按照我们自己的想法来做事。我们很高兴有人来探询我们的愿望和我们需要的东西，以及我们的想法。"

对于推销员来说，应该把顾客推到台前，而自己应隐身幕后。因为如果把产品和顾客自身的感受联系在一起，他们就乐于接受了，这种手段无疑会大大提高业绩。这就是"面子"的功效。

同样的道理，做人也应如此，顺着别人的思路来，往往能在交往中无阻无碍，办事时顺顺利利。这时候，即使你不要，面子也会主动地往你脸上贴。

给别人露脸的机会

有时候事情到了一定的关口，必须有人出面"迎风而立"，这时候聪明的主事者往往会隐居幕后，让别人心甘情愿地支撑台面、承担风险，而他自己却毫发无伤地稳坐钓鱼台。这不能不说是一种高明的"要面子"的手段。

三国枭雄曹操在发迹称霸的过程中也玩了几手漂亮的幕后策划戏。他在群雄并起，危险四伏中，把别人捧上前台，自己在幕后操纵，成为最大的受益者。

曹操刺董卓失败，马上逃离洛阳，回去整合兵马，会同袁术、袁绍、孔融、马腾、孙坚等十七路诸侯联合讨伐董卓。在这些力量中，曹操拥有较强的实力，且作为发起人，理应以他为盟主，但他却主动谦让，把盟主位置让给袁绍。并说什么"袁本初四世三公，门多故吏，汉朝名相之裔，可为盟主。"其实他正是看穿了袁绍的虚荣和软弱的缺点，既让他做出头鸟，又可以使自己把握实权。果然袁绍心中大喜，心甘情愿地当了冤大头，结果在群雄逐鹿中四面受敌，力量慢慢削弱，最后终于被曹操吃掉了。

曹操杀入洛阳、消灭董卓力量后，便把汉献帝挟持到自己的地盘许昌"供"起来。这一招更高明，他把汉献帝当成皮影，而自己则是要皮影的。由于汉献帝的名头，诸侯都不敢对曹操轻举妄动，而曹操更是拉大旗作虎皮，挟天子以令诸侯，自立为大丞相，实则以天子名义对诸侯们指手画脚。曹操的这一招，可谓把幕后操纵演绎到了极致。曹操后来的不断壮大，四方贤士猛将皆来投靠，不能不说与此有很大关系。

隋朝末年，李渊从太原起兵后不久，便选中关中作为长远发展的基地。因此，他就借"前往长安，拥立代王"为名，率军西行。

李渊西行入关，面临的困难和危险主要有三个。第一，长安的代王并不相信李渊会真心"尊隋"，于是派精兵予以坚决的阻击。第二，当时势力最大的瓦岗军半路杀出，纠缠不清。第三，瓦岗军还用一部分主力部队袭奔晋阳重镇，威胁着李渊的后方根据地。

这三大危险中，隋军的阻击虽已成为现实，但军队数量有限，且根据种种迹象判断，隋廷没有继续派遣大量迎击部队的征兆。但后两个危险却是不可掉以轻心的。瓦岗军的人数在李渊的十倍以上，第二种或者第三种危险中，任何一个危险的进一步演化，都将使李渊进军关中的行动夭折，甚至有可能由此一蹶不振，再无东山再起的机会。

李渊急忙写信给瓦岗军首领李密详细通报了自己的起兵情况，并表示了希望与瓦岗军友好相处的强烈愿望。

不久，使臣带着李密的回信又来到了唐营。李渊看了回信后，口里说了声"狂妄之极"，心里却踏实多了。

原来，李密自恃兵强，欲为各路反隋大军的盟主，大有称孤道寡的野心。他信中实际上是在劝说李渊应同意并听从他的领导，并要求他速作表态。

李密拥有洛口要隘，附近的仓廪中粮帛丰盈，控制着河南大部。向东可以阻击或奔袭在江苏的隋炀帝，向西则可以轻而易举地进取已被李渊视之为发家基地的关中。因此，李渊虽知李密过于狂妄，但人家有狂妄的资本。

为了解除西进途中的后两种危险，同时化敌为友，借李密的大军把隋炀帝企图夺回长安的精兵主力截杀在河南境内，李渊对次子李世民说："李密妄自尊大，绝非一纸书信便能招来为我效力的。我现在急于夺取关中，也不能立即与他断交，增加一个劲敌。"于是，李渊回信道："当今能称皇为帝的只能是你李密，而我则年纪大了，无此愿望，只求到时能再封为唐公便心满意足了，希望你能早登大位。因为附近尚须平定，所以暂时无法脱身前来会盟。"

李世民看了信说："此书一去，李密必专意图隋，我无东顾之忧了。"果然，李密得书之后，十分高兴，对将佐们说："唐公见推，天下足定矣！"

李渊投李密之好，把他当成台面人物，使得他不再对自己防范，不仅避免了李密争夺关中的危险，而且还为李渊西进牵制住了洛阳城中可能增援长安的隋军，从而达到了"乘虚入关"的目的。李密中了李渊之计，十分信任李渊，常给李渊通信息，更无攻伐行为，专力与隋朝主力决斗。之后几年中，李密消灭了隋王朝最精锐的主力部队，而自己也被打得只剩2万人马。而李渊则利用有利时机发展成为最有实力的人，不费吹灰之力便收降了李密余部。

　　李渊的手段虽不如曹操精细，但也深得其精髓。他利用李密的弱点，吹捧一番，便把李密送上了热闹却危险的舞台，而自己则不露行迹，等到前台的戏一结束，他便出来收拾摊子，凭空落下大大的好处。李密的失误，在于他把指挥棒轻易地交给了李渊，自己粉墨登场做起了悲剧角色的演员——"出头鸟"。

　　无论是曹操对于袁绍、汉献帝，还是李渊对于李密，用的都是让对方当出头鸟，而自己在幕后策划的手段。这种看似"风光"、"有面子"的"出头鸟"，处于风口浪尖上得到的不外是明枪暗箭、嫉恨攻击，成为众矢之的。而幕后的操纵者不但安全无恙，而且坐收渔利，成为最大的也是最后的赢家。这也正是从结果与从过程中要面子的不同结局。

用黑白脸合作的方式挣面子

　　人生就像是一个舞台，合作共事的双方在这个舞台上要扮演不同的角色。既然是演戏，就少不了黑脸和白脸的相互配合，这样做才能让自己这一方成为这个舞台的主宰，也才能让黑脸和白脸者都有面子。

　　有一回，美国传奇人物——亿万富翁休斯想购买大批飞机。他计划购买 34 架，而其中的 11 架，更是非到手不可。起先休斯亲自出马与飞机制造厂商洽谈，却怎么谈也谈不拢，最后搞得这位大富翁勃然大怒，拂袖而去。事后，休斯觉得谈判靠争吵解决不了问题，得想个法子，走和气谈判的路子。于是便找了一位代理人，替他出面继续谈判。休斯告诉代理人，只要能买到他最中意的那几架，他便满意了。而谈判的结果，这位代理人居然把34架飞机全部买到手。休斯十分佩服代理人的本事，便问他是怎么做到的。代理人回答得很简单："每次谈判一陷入僵局，我便问他们——你们到底是希望和我谈呢？还是希望再请休斯本人出面来谈？经我这么一问，对方只好乖乖地说——算了算了，一切就照你的意思办吧！"

要使用"白脸"和"黑脸"的战术，就需要有两名谈判者，第一位出现的谈判者唱的就是"黑脸"，他的责任在于不给对方面子，激起对方"这个人真不好惹"、"碰到这种谈判的对手真是倒了八辈子霉"的反应。然后他退居幕后。而第二位谈判者唱的是"白脸"，尽量给他面子，使对方产生"总算松了一口气"的感觉。就这样，黑脸策划，白脸在台上"主演"，便很容易达到谈判的目的。

"白脸"与"黑脸"战术的功效，乃是源自第一位谈判者与第二位谈判者的"起承转合"上。第二位谈判者就是要利用对方对第一位谈判者所产生的不良印象，继续其"起承转合"的工作。

在这里，"黑脸"退后，所担任的就是幕后工作，而"白脸"则被推上了前台做演员。"黑脸"的不成功既是角色所限定的，也是幕后指挥所必需的，它是为了使"白脸"的表演更加成功。

尽量争取共同赢面子的结果

在与别人合作中，主动让对方站在前台，自己隐身幕后的时候，也别忘了"双赢"，即在自己得利的同时，也让对方心满意足。这既是强者操纵局面要面子的手段，也是弱者取得利益最大化保面子的策略。

钢铁大王安德鲁·卡耐基年幼时，父母从英国来到美国定居，由于家境贫寒，没有读书学习的机会，13岁就当学徒工了。

卡耐基10岁时，无意中得到一只母兔子。不久，母兔子生下一窝小兔。由于家境贫寒，卡耐基买不起饲料喂养这窝小兔子。于是，他想了一个办法：请邻居小朋友来参观他的兔子，这些小朋友们一下子就喜欢上了这些可爱的小东西。于是，卡耐基趁机宣布，只要他们肯拿饲料来喂养小兔子，他将用小朋友的名字为这些小兔子命名。小朋友出于对小动物的喜爱，都愿意提供饲料，使这窝兔子成长得很好。这件事给了卡耐基一个有益的启示：人们对自己的名字非常在意，都有显示自己的欲望，因为这代表着自己的"面子"。

卡耐基长大成人后，通过自身努力，由小职员干起，步步发展，成为一家钢铁公司的老板。有一次他为了竞标太平洋铁路公司的卧车合约，与竞争对手布尔门铁路公司铆上劲了。双方为了得标，不断削价竞争，已到了无利可图的地步。

有一天，卡耐基到太平洋铁路公司商谈投标的事，在一家旅馆门口遇到了布尔门先生，"仇人"相见，在一般情况下，应该"分外眼红"，但卡耐基却主动上前向布尔门打招呼，并说："我们两家公司这样做，不是在互挖墙脚吗？"

接着，卡耐基向布尔门说，恶性竞争对谁都没好处，并提出彼此尽释前嫌、携手合作的建议。布尔门见卡耐基一番诚意，觉得有道理，但他却仍然不痛痛快快地表示要与卡耐基合作。

卡耐基反复询问布尔门不肯合作的原因，布尔门沉默了半天，说："如果我们合作的话，新公司的名称叫什么？"

卡耐基一下明白了布尔门的意图，他想起自己少年时养兔子的事。

于是，卡耐基果断地回答："当然用'布尔门卧车公司'啦！"卡耐基的回答使布尔门有点不敢相信，卡耐基又重复了一遍，卡尔门才确信无疑。这样，两人很快就达成了合作协议，取得了太平洋铁路卧车的生意合约，布尔门和卡耐基在这笔业务中，都大赚了一笔。

另有一次，卡耐基在宾夕法尼亚州匹兹堡建起一家钢铁厂，是专门生产铁轨的。当时，美国宾夕法尼亚铁路公司是铁轨的大买主，该公司的董事长名叫汤姆生。卡耐基为了稳住这个大买主，同样采取"成人之名法"，把这家新建的钢铁厂取名为"汤姆生钢铁厂"。果然，这位董事长非常高兴，卡耐基也顺利地取得了他稳定、持续的大订单，他的事业从此发展起来了，并最终成为赫赫有名的"钢铁大王"。

卡耐基利用别人重视名字爱风光的心理，适时地把对方推上前台，而自己甘心隐于幕后，从而借他人之名成功地实现自己的目标。并且大家都从中得到了自己想要的东西，皆大欢喜。精明的卡耐基明白，名字虽然是你的，但东西是属于我的。他不计较这种表面的东西，也就得到了最实在的利益。

给人留面子一要主动二要谨慎

有些强力人物尤其爱面子，如果跟他们争面子，那就只有丢面子的份儿。所以要善于给他们留面子，方法上一方面要主动，让他感受到你的诚意，另一方面要谨慎，稍不留神自己的那一点面子就会被他夺去。

在整个二次大战期间，斯大林在军事上最倚重的人有两个，一个是军事天才朱可夫，一个则是苏军总参谋长华西列夫斯基。

众所周知，斯大林在晚年逐渐变得独裁专制，"唯我独尊"的个性使他难以接受下属的不同意见。在二战期间，斯大林的这种过分的自以为是曾使红军大吃苦头，遭到本可避免的巨大损失和重创。一度提出正确建议的朱可夫曾被斯大林一怒之下赶出了大本营，但有一人却例外，他就是华西列夫斯基，他往往能使斯大林在不知不觉中采纳他的正确的作战计划，从而发挥着重要的作用。

华西列夫斯基的进言妙招之一，便是潜移默化地在休息中施加影响。在斯大林的办公室里，华西列夫斯基喜欢同斯大林谈天说地地"闲聊"，并且往往"不经意"地"顺便"说说军事问题，既非郑重其事地大谈特谈，讲的内容也不是头头是道。但奇妙的是，等华西列夫斯基走后，斯大林往往会想到一个好计划。过不了多久，斯大林就会在军事会议上宣布这一计划。于是大家都纷纷称赞斯大林的深谋远虑，但只有斯大林和华西列夫斯基心里最清楚，谁是真正的发起者，谁是真正的思想创意者。

再开明的领导其内心也是不喜欢过于直白的建议和批评的，因为这直接伤害了他的面子。即便他有时接受了你的直言相劝，并获得了显著成果，且内心里承认你的能力，但他赞赏的却是你的意见和建议本身，而不是你的进言方式。

华西列夫斯基的策略可以说既有间接实现自身的想法，也有借以自保的打算。然而，当这种方法也无法使用时，最保险安全的做法还是隐身而退，否则，即使藏身幕后也会有杀身之祸，因为"功劳不说但客观存在"，功高震主总非好事。

避招风雨的策略，初看起来好像比较消极。其实，它并不是委曲求全、窝窝囊囊地做人，而是通过少惹是非，少生麻烦的方式，更好地展现自己的才华，发挥自己的特长。同时，对于一些谋士来说，运用退出的手段，不仅可以保命安身，还可以求得一个好的终结。这实在要比一直不知好歹待在"舞台"上，最后被强行撕掉面子好得多。

第二章
勇于舍弃自己的面子

俗话说："死要面子活受罪"，又说："打人莫打脸，骂人莫揭短。"许多人可以吃暗亏，也可以吃明亏，但就是吃不下"面子"亏。在人际交往中，你要是不顾别人的面子行事，总有一天会大吃苦头。因此，有时候就要宁可自己损些颜面，也尽量不让别人下不来台。当你以原有的做人方法走得不那么顺畅时，从"面子"问题上找原因，也许就会走出一条新路来。

死要面子活受罪

责怪别人，逼迫别人认错，或者损害别人的脸面，这些都是在做人处世中要不得的。而另一方面，对于自己的错误勇于承认，也是做人所必不可少的。所谓"宽以待人，严以律己"，自己犯了错误，应勇于承认，而且越快越好。因为这是一种保住脸面的策略。一味硬撑着，只会死要面子活受罪，到头来后悔不迭。

有一位退休的机械工程师，他对事情是否做到精确无误的程度的关心，甚于关心自己的事业是否成功。他认为一个被他人揪出错误的人就活像个笨蛋一样，无论错误是因为不准确的测量也好，观测的角度不对也好，是错误的结论，还是无效的评估，这些对他来讲都一样。他最喜欢说的一句话是："你不可以在别人面前丢脸。"事实上，只要是人皆会出错，这位工程师也不例外，为了保全面子，即使他心里知道自己做错了事，也会在大庭广众之下装出一副自己没有错的样子。更为可笑的是，他对不知道的事情也会装出一副很懂的样子，在他身边工作的人当然很受不了他这一点，为此，这位工程师失去了很多人的喜爱和尊敬。

当然，无论做什么事，我们都希望自己是对的。当我们得出正确的结论时，我们会感到特别高兴。当老师对学生说你答对了的时候，学生会觉得骄傲和快乐。相反地，如果老师说"你答错了！你没有通过考试"，那么学生就会因此害怕自己又答错，反而会答错得更多。但大多数人都应该知道，在人们所做的事情中，很少有人能说哪些事情是百分之百正确或百分之百错误的。然而，不管是在学校也好，公司也好，还是从事政治活动或是在运动场上，我们所有的社会系统都只能容忍我们做出正确的事情。结果很多人都在充满防御的心理下长大，而且学会掩饰自己的错误。还有一种人，他们在被揪出错误之后，因为害怕再犯错，干脆就什么事情也不做。他们会产生既紧张又有抵触的心理。

当然，如果采取相反的态度，即对任何事情，都认定我对你错，这也是不明智的。一句俗话讲得好："或许你会因此而赢得某场战役，可是你最后可能会输掉整场战争。"有些人不仅坚持认定自己无时无刻都对，而且他们在辩赢了之后，还会对别人幸灾乐祸，自我吹嘘一番。

对这些人我们要奉劝：与其装出一副自己什么都对、扬扬得意的样子，倒不如做错事情的时候勇敢承认比较明智一些，如果一个令人难以忍受的人在你做错事情的时候贬抑你，你内心应清醒地明白这个人的心理大概是有些问题。同样的道理，对于那些斩钉截铁地说自己对，并常常要证明自己是对的人，人们也会抱着敬而远之的态度。

我们常常见到一些人的婚姻处于摇摇欲坠的状况。推究原因，总不外乎是先生和太太各持己见，坚持自己是对的缘故。如果他们能证明对方不对的话，往往会得理不饶人。这种行为根本不可能增进夫妻间彼此的爱和关怀，相反却会使彼此之间充满了竞争和抵御的气氛，最终导致离异。

要解决这些危机，关键之处在于：我们必须了解每个人都会出错的道理。当你做错事情的时候，不要为了装出一副对的样子而掩饰自己的过错。事实上，意识到自己所犯的过错，常常会对自己有所助益。这种举动不仅能使你从错误中学到教训，而且别人也会觉得你很会做人，从而会更信赖你。

"我很抱歉！""我疏忽了！""我错了！"诚实地招认自己的过错，不仅不会使你看来像个笨蛋一样，反而还会得到别人的信赖和尊重，否认或掩饰自己犯下的过错，会妨碍自己人格的成长。

犯错能使自己获得成长的机会，它不是愚笨或无能的象征，装出一副自己什么都对、什么都懂的样子，通常会让自己失去友谊和与他人的亲密关系。

不要逼别人认错

我们应该认识到，在许多时候，逼别人认错是种不会做人的做法，因为这样做无疑要伤了别人的面子，对于自己也是有百害而无一利。

既然乐意认错的人如此之少，我们在日常生活中就少和别人争辩，因为争辩的目的常常是想显出别人是错的。英国前首相撒切尔夫人的手法，是把一种面临争辩的事情暂且搁下。你不要小看这拖延的措施，它可以产生一种意想不到的功效，那就是让别人有机会去反省自己的错误。大多数人在感觉事情未能解决时，总要自己花点时间来想一想，如果错误确属自己，那么下一次就要有所纠正，即使他口头没有承认错误。但这是不需要的，因为我们不一定要听见别人念念有词地说："我错了，我错了。"

有一位英国商人是某大公司经理，这家公司下面有很多代理商，他们常常写信向他投诉种种有关代理商与代理商之间的待遇不公平的事，要求公司方面解释，他的应付方法是把信塞进一个写着"待办"字样的文件柜去。他说："应该立刻予以答复，但我想起，如果答复就等于和他争辩，争辩的结果不外是对人说'你错了'，这样不如索性暂时不理。"

事情的最后结果如何？他笑答："我每隔一段时间把这些'待办'的信拿出来看看，又放回文件柜去，其中大部分的信在我第二次拿出来看时，信里所谈的问题都已成为过去或已无需答辩了。"

有一位社交专家说：应酬的最高效果，是你绝不使用任何强制手段而使对方照着你的意思去做。完全出于自愿，比你要别人怎么做的效果要好得多。

自然，那些专门要别人怎么做的人会提出抗议说："我不是有意向别人唠叨，而是对方实在是个蠢材，如果不清楚讲明要怎么怎么，对方就不能领悟。"

请注意，这正是你做人的弱点，而不是长处，应该马上改变你面孔的风格。

查尔斯·史考勃有一次经过他的钢铁厂。当时是中午休息时间，他看到几个人正在抽烟，而在他们的头顶上方，正好有一块大招牌，清清楚楚地写着"严禁吸烟"。如果史考勃指着那块牌子对他们说："难道你们都是文盲吗？！"这样显然只会招致工人对他的逆反和憎恶。

史考勃没有那么做，相反，他朝那些人走去，友好地递给他们几根雪茄，说："诸位，如果你们能到外面抽掉这些雪茄，那我真是感激不尽了。"吸烟的人这时立刻知道自己违犯了规定，于是，便一个个把烟头掐灭；同时对史考勃产生了好感和尊敬之情。因为史考勃没有简单地斥责他们，而是使用了充满人情味的、使别人乐于接受的方式。这样的人，谁不乐于和他共事呢？

你逼迫别人认了错，可能会得到一时之快，殊不知，这种违背其内心意愿的做法不仅激起了他的逆反心理，使事情的错误得不到及时的解决，还会在他心中积下怨恨。如果这种事发生多了，你应该明白"怨恨"会转化成什么。

责怪是捅破别人"面子"的尖刺

逼别人认错是愚蠢的，责怪别人更是下策。因为错误已经犯下了，责怪不仅于事无补，反而会使人产生抵触情绪，并拼命辩解自己的"错误"是"正确"的。同时，责怪也是危险的，因为它更直接地伤害了一个人的自尊，严重挫伤了他的面子。

世界著名的心理学家斯金纳通过一项实验发现：在训练动物时，奖赏要比惩罚更能使动物熟练新的动作技巧并能记住它所学的，在以后的研究中，他把人作为研究对象，他发现奖赏能让人少犯错误，而指责和惩罚只能招致怨恨和不和。

卡耐基从斯金纳那里学到了这个道理，他请教了辛辛那提监狱的监狱长，那位监狱长告诉他说："在我们这里，几乎没有一个人认为他是犯人，他们总是认为他们是正常的没有犯罪的人，就像你我一样，你跟他们谈话，他们会告诉你为什么他们的手会不得不拿起枪去杀人，为什么他的手在保险柜的密码锁面前会那样的灵敏。他们的说法很合理，你会认为他的逻辑成立，可你却知道一点，他们犯了罪，他们是坏人。"

卡耐基听了这番话以后，得出一个结论：没有人在犯了错误以后会责备自己，他总是找各种理由加以辩解，那辩解的言辞能把自己说服。当别人指责他的时候，他会情不自禁地辩解，辩解不成功时，就会带着怨气和怒火对待别人了。

"西奥多·罗斯福就是个很好的例子"，卡耐基说，"当1908年西奥多辞去总统职务时，他表示要支持塔夫脱竞选总统，可是后来他却指责塔夫脱是保守主义者，并表示要参加竞选。"

"在竞选中，由于西奥多·罗斯福的参加，塔夫脱只赢得了两个州的选票。

"塔夫脱在竞选中失败了，可他并没有接受西奥多·罗斯福的指责，反而为自己辩解。

"最后塔夫脱含着眼泪说：'我看不出来，我应该做的和我能够做的有什么区别。'"

"在别人有错误的时候"，卡耐基说，"责怪他没有什么用，只是徒然招致怨恨而已。我在 30 年前就懂得了责怪人是一种愚蠢的举动。克服我自己的局限性就已经够麻烦的了，完全没有必要为了上帝没有恰当地把天资分配均匀而烦恼，可有的人就是不明白这样一个道理：有人犯了不管多大的错，100 次中有 99 次他都不愿意责怪自己。所以面对别人的错误，你可以恼怒，也可以不愉快，但你应该想想，这对你的处理问题有什么帮助？你不妨平心静气地帮他分析，帮他解决，并给他以勇气和信心，无论是在物质上，还是精神上，你完全可以帮助他。"

他还为此举了个例子：

约翰·史达尔是俄荷拉马州一家建筑公司的安全检查员，他的任务是督促工人们注意安全事项。

可是史达尔却发现不少人违反规定，在施工时不戴安全帽，每次他遇到这类情况，他都会走近劝说一番，可是等他一转身，那些工人们又解下了安全帽。

这使史达尔非常恼火，他想找几个工人大骂他们一通，可是转念一想，责怪他们又有什么用？可能当面他们会勉强听从，可是事后他们还会恢复原样。

史达尔想了个办法。当他再发现工人违反规定不戴安全帽时，他就走过去问是不是安全帽戴着不合适，如果不合适，他会通知安全保卫部加以调换。

然后他用轻松的语调向工人们讲解了施工时戴安全帽的必要性，并且还建议工人不要摘下安全帽，那样可能会因一点点小的事故而造成头部的损伤。

史达尔没有说一句责备的话，可是这次工人们都听从了，因为他们觉得史达尔没有居高临下地说教而是在真心诚意地替他们着想，所以他们都再也不违反安全规定了。

或许相对于"面子问题"来说，外国人更注重的是实际问题的解决。当然，在中国，你即使有做事的心意，也要首先注意：不要随便去责怪别人，你内心的想法不要表现在脸上，学会以另一种让人能欣然接受的面孔示人。给别人留面子，也给事情的进展留下空间。

得饶人处且饶人

人是感情动物、血肉之躯，难免都会有头脑发热、情感冲动的时候。这种"激情犯错"只要不造成非常严重的后果，从情理上来说是应该原谅的。犯这种错误的人，未必不是贤人，不是能人，你只要宽容了他们，不加追究，保全了他们的尊严和脸面，因此而来的激励和感恩之情会使他们更加效力，发挥更大的力量和作用。

春秋时，楚庄王励精图治，国富民强，手下战将众多，个个都肯为他卖命。楚庄王也极力笼络这批战将，经常宴请他们。

一天，楚庄王又大宴众将。君臣喝得极其痛快，天色渐晚，楚庄王命点上蜡烛继续喝酒，又让自己的宠姬出来向众将劝酒。突然间，一阵狂风吹过，把厅堂里的灯烛全部吹灭，四周一片漆黑，猛然间，楚庄王听得劝酒的爱姬尖叫一声，楚庄王忙问何事。宠姬在黑暗中摸过来，附在楚庄王耳边哭诉：灯一灭，有位将军不逊，将手伸向妾身来抓摸，已被我偷偷拔取了他的盔缨，请大王查找无盔缨之人，重重治罪，为妾出气。

楚庄王闻听，心中勃然大怒，自己对众将这般宠爱，竟有人戏弄我的爱姬，真乃无礼之极！定要查出此人，杀一儆百！他刚要下令点灯查找，但又转念：这帮战将都是曾为我流过血、卖过命的，我若为了这点小事杀人，其他战将定会寒心，以后谁还会真心诚意地为我卖命呢？失去这批战将，我将凭什么称霸中原呢？俗话说，小不忍则乱大谋，还是放过这等小事，收买人心要紧。主意已定，他低声劝宠姬道："卿且去后堂休息，我定查出此人为你出气。"

等那宠姬离开厅堂，楚庄王便下令说："今日玩得甚是尽兴，大家都把盔缨拔下来，喝个痛快。"大家在黑暗中都不知原委，不明白大王为何让大家拔下盔缨。但既然大王有令，就只好照办了。那位肇事的将军在酒醉之中闯下大祸，听到庄王宠姬尖叫，才吓醒了酒，心想这次必死无疑。等庄王命令大家拔盔缨时，他伸手一摸，盔缨早已没有了，才明白楚庄王的用心。等大家都拔去盔缨，楚庄王才下令点上灯烛，继续畅饮。肇事的战将暗中望着楚庄王，下定了效死的决心。

自此以后，每逢战斗，都有一位冲锋陷阵，拼命地出击作战的战将，楚庄王细细查问，才知道他就是那位被宠姬拔掉盔缨的肇事者。

战国"四公子"之一的齐国孟尝君田文，门下养了许多食客，其中有一个门客与孟尝君的爱妾私通，早已为外人发觉。有人劝孟尝君杀了那个门客，孟尝君听后笑着说："爱美之心人皆有之，异性相见，互相悦其貌，这是人之常情呀！此事以后不要再提了。"

过了近一年，一天，孟尝君特意将那个与自己爱妾私通的门客召来，对他说："你与我相交已非一日，但没有能封到大官，而给你小官你又不要。我与卫国国君的关系甚笃，现在，我给你足够的车、马、布帛、珍玩，希望你从此以后，能跟随卫国国君认真办事。"

那个门客本来就做贼心虚，听孟尝君召唤他，以为这下大祸临头了，却想不到孟尝君给他这样一份美差，激动得什么话也说不出，只是深深地、怀着无限敬意地向孟尝君行了个大礼。

那个门客到了卫国后，卫国国君见是老朋友孟尝君举荐过来的人物，对他也就十分器重。

没过多久，齐国和卫国关系开始恶化，卫国国君想联合天下诸侯军队共同攻打齐国。那个门客听到这一消息后，忙对卫国国君说："孟尝君宽仁大德，不计臣过。我也曾听说过齐卫两国先君曾经刑马杀羊，歃血为盟，相约齐卫后世永无攻伐。现在，国君你要联合天下之兵以攻齐，是有悖先王之约而欺孟尝君啊！希望您能放弃攻打齐国的主张；如果大王不听我的劝告，认为我是一个不仁不义之人，那我立时撞死在国君你的面前。"话刚说完那个门客就准备自戕，卫国国君赶忙制止，并答应不再联合诸侯军队攻打齐国了。就这样，齐国避免了一场灾难。

消息传到齐国后，人人都夸孟尝君可谓善为人事，当初不杀门客，如今门客为国家建下了奇功。

汉文帝时，袁盎曾做过吴王刘濞的丞相，他的一个从使与他的一个侍妾私通。袁盎知道后，并没有泄露出去，也没有责怪那个从使。有人却说了一些话吓唬那个从使，说袁盎要治那个人的死罪等等，结果把那个从使吓跑了，袁盎知道后，又亲自去把那个从使追回来，对他说："男子汉做事要顶天立地，既然你这么喜欢她，我可以成全你们。"将那个侍妾赐给了从使，待他也仍像从前一样。

到了汉景帝时，袁盎到朝廷中担任太常要职，后又奉汉景帝之命任职吴国，当时，吴王刘濞正在谋划反叛朝廷，决定先将朝廷命官袁盎给杀掉。就暗中派五百人包围了袁盎的住所，袁盎本人却毫无觉察，情况十分危险。

在这五百人的包围队伍中，恰好有一位就是当年袁盎门下的从使，此人现已任校尉司马一职。他知道袁盎情势十分危险，随时都会有性命之忧，心想，这正是报答袁盎的好机会。兵临城下，如何营救恩人？那个从使灵机一动，就派人去买来200坛好酒，请500个兵卒开怀畅饮，并说道："大伙好好喝个痛快，那袁盎老头现在已是瓮中之鳖，跑不掉了！"士兵们一个个酒瘾发作，喝得酩酊大醉，东倒西歪，于是成了500个醉鬼。

当天夜晚，那个从使悄悄来到袁盎卧室，将他唤醒，对他说："大人，你赶快走吧，天一亮吴王就要将你斩首了。"

袁盎揉了揉昏花的老眼，忙问他："壮士，你为什么要救我？"原来当年的从使现在已穿上了校尉司马服，加之又过去了多年，在昏暗的灯光下，袁盎仓促之间，根本认不出当年的他了。

校尉司马对袁盎说："大人，我就是以前那个偷了你的侍妾的从使呀！"

袁盎大悟，在那位校尉司马的掩护下，他连夜逃离了吴国，摆脱了险境。

历史上这些宽以待人，懂得脸面之道之人，不是成就了大业，就是在关键时刻得以避祸全身。可见脸面尊严在为人处事、成就前途中的重要性。对犯错误的人不应总是凶狠责罚，而应换一种态度和面孔，得饶人处且饶人，这样收到的效果会更好。

戳人脸面惹大祸

有时，看似不经意的言行会让人颜面尽失甚至后果更严重。遇到心胸开阔一点的，他只是内心不快而已，或许不会有什么极端的行动；而若是心胸狭窄之人，他心中就会产生怨恨，而这种怨恨极有可能会转化为报复行动。这种以"小事"而惹大祸的例子，在历史上屡见不鲜。

战国时有个名叫中山的小国。有一次，中山的国君设宴款待国内名士。当时正巧羊肉羹不够了，无法让在场的人全都喝到。有一个没有喝到羊肉羹的人叫司马子期，就此怀恨在心，偷偷跑到楚国劝楚王攻打中山国。楚国是个强国，攻打中山易如反掌。中山被攻破，国王逃往国外。

他逃跑时发现有两个人手拿戈一直跟随他，便问："事到如今，你们为什么还跟着我？"两个人回答："从前有一个人曾因获得您赐予的一壶食物而免于饿死，我们就是他的儿子。我们的父亲临死前嘱咐，中山无论有任何事变，我们都必须竭尽全力，要不惜以死报效国王。"

中山国君听后，感叹地说，给予不在乎数量多少，而在于别人是否需要。结怨不在乎深浅，而在于是否伤了别人的心。我因为一杯羊羹而亡国，却由于一壶食物而得到两位忠诚的勇士。

这段话道出了人际关系的微妙。一个人如果失去了少许金钱，尚不至于恼羞成怒，而一旦自尊心受到损害，就无法预测他的行为了。金钱上的损失犹可补偿，而心灵受到伤害，却非轻易就可弥补的。有时候，本身并无存心伤人之意，却会因为某句无意的话伤害到别人，所谓"言者无心，听者有意"，甚至可能因此为自己树立一个敌人。中山国王因"一杯羹"而失国的故事，对我们应该有深刻的启示。

《韩非子·内储说》载有一个故事，有一次，齐中大夫夷射在王宫里参加酒宴，喝得酩酊大醉，靠在回廊门上。有一个仆人刖跪请求说，把您喝剩下的酒赐我一点可好？夷射对他叱骂："滚一边去，低贱的仆人也敢向贵人要酒喝！"刖跪急忙跑开了。等夷射走后，刖跪就在回廊门处洒了点水，好像有人撒了尿一样。第二天，齐王出廊门看到了，问："是谁在这里撒尿？"刖跪回答说："我没看到，不过昨天中大夫夷射在这儿站了一会儿。"在当时，在宫内这种不规矩的行为是要受惩罚的。齐王因此把夷射处以死刑。

在这里，刖跪因为夷射羞辱了他而怀恨在心，因此设计陷害。而酒醉中的夷射恐怕一直到死也没搞清楚自己的杀身之祸竟是因为得罪了一个自认为无关紧要的"低贱的仆人"。而正是这个"低贱的仆人"认为他自己的"面子问题"是件大事，丢了面子就要强烈报复，因而使夷射身首异处。

春秋时期，郑国的大臣子公在上朝的时候，食指突然动了起来。他便开玩笑似的对其他大臣说：我的食指一动，就能尝到非同一般的美味。这话让国君郑灵公听见了。正巧楚国献给了灵公一个特别大的鳖，灵公准备用它来大宴群臣。结果听到子公的话，在鳖宴上就故意不给他分鳖肉。子公羞愤交加，就径直走到烹鳖的大鼎前，把食指伸到汤里捞肉。这就让灵公十分难堪，结果双方都感到丢了面子，只好翻脸，灵公欲杀子公，而子公抢先发动政变，杀死了灵公，并以"灵"给他作谥号，这足以让灵公永远没有面子。

这种君臣之间为面子而起的争斗近乎玩笑，但不能不看到，"面子问题"正是这种倾国覆权的重大事件的"导演"，并且在事件结束之后还以近乎残忍的喜剧式调侃拉上帷幕。

死敌也要留面子

俗话说：没有永远的朋友，也没有永远的敌人。敌人与朋友之差，有时候只是在于"面子"上是否过得去。虽然不一定成为朋友，但只要不使对方颜面尽失，产生不共戴天的仇恨，一般情况下是不会成为"死敌"的，而一旦因为是"敌人"就无所顾忌地撕脸扒皮，路就会因此彻底堵死，潜在的危险可能就会爆发了。

世界上任何一位真正伟大的人，都善于保住失败者的面子，而不会得意忘形地陶醉于个人的胜利。

1922年，土耳其人在同希腊人经过几个世纪的敌对之后，下决心把希腊人逐出土耳其领土，土耳其最终获胜。当希腊的迪利科皮斯和迪欧尼斯两位将领前往土耳其总部投降时，土耳其士兵对他们大声辱骂。但土耳其的总指挥凯墨尔却丝毫没有显现出胜利者的骄傲。他握住他们的手说："请坐，两位先生，你们一定走累了。"他以对待军人的口气接着说："两位先生，战争中有许多偶然的情况。有时，最优秀的军人也会打败仗。"

这使两位败军之将都十分感动，并没有因吃了败仗投降而产生沉重的羞辱感。后来希腊和土耳其两国之间也并没有大的怨隙，更没有因打仗而绝交。凯墨尔将军一番得体的话让敌人保住了面子，也赢得了发展友谊的可能性。试想，倘若凯墨尔也像士兵那样羞辱那两位投降的将军，使他们心怀怨恨，那么，可想而知，不但友谊无从谈起，战事在将来也会不可避免。

对于敌人，对于铤而走险的对手，同样要留下回旋的余地。俗云：兔子不急不咬人。把对方逼上绝路只会导致负隅顽抗。而"歼敌一千，自损八百"，这对于双方都没有好处，也不是解决问题的办法。

1977年8月，几名克罗地亚人劫持了美国环球公司从纽约拉瓜得机场至芝加哥奥赫本的一架班机。在与机组人员僵持不下之时，飞机兜了一个大圈，越过蒙特利尔、纽芬兰，最终降落在巴黎戴高乐机场。在这里，法国警察打瘪了飞机的轮胎。

飞机停了3天，劫机者同警方僵持不下，法国警方向劫机者发出最后通牒："喂，伙计们！你们能够做你们想做的任何事情，但美国警察已到了，如果你们放下武器同他们一块回美国去，你们将会被判处不超过2至4年的徒刑。也可能意味着你们也许在10个月左右释放。"

法国警察停顿片刻，目的是让劫机者将这些话听进去。接着又喊："但是，如果我们不得不逮捕你们的话，按我们的法律，你们将被判死刑。那么你们愿意走哪条路呢？"劫机者被迫投降了。

本例中的劫机者一方面因为机组人员的抗拒和警方的追捕而无法达到预定目的，另一方面由于不清楚警方的态度而不敢轻易放下武器，陷入了进退两难的痛苦局面。法国警察在劝说中明确地向对方指出了两条道路：投降或者顽抗，投降的结果是10个月左右的徒刑，而顽抗的结果只能是死刑。面对这两条迥异的道路，早已心慌意乱的劫机者肯定识相地选择弃械投降。

对铤而走险者最忌的一招就是不留退路。俗话说一不做，二不休，扳倒葫芦撒了油，兔子急了还咬人呢，何况人乎？所以，说话办事中，凡遇有一头撞南墙的人，切记不可把话说绝，否则物极必反，会把一个本来可以有挽救余地的人或事逼向绝路。

所以说，敌人不一定非要消灭不可。关键时刻不但要能变换面孔，也要会变换面孔。给面子，留余地，这不仅是做人之道，也是取胜成事的上乘策略。

学会替领导挣面子

自己勇于承认错误，这是一件难能可贵的事。但我们处于复杂的人际关系之中，有时光有这种优秀品质并不一定够用。所以还要学会替人担责，尤其是替团队、替领导挣面子的本领。

领导者是人不是神，决策就必然会有失误之时。即使一贯正确，群众中也可能出现对立面，同领导对着干，这种情况就显得大为不妙。这时候聪明的做法应该是，当领导与群众发生矛盾时，你应该大胆地站出来为领导做解释与协调工作，甚至不妨替他背背黑锅。这最终还是有益于群众利益的。而作为领导人，当最需要人支持的时候你支持了他，也就自然视你为知己。实际上，上级与下属的关系是十分微妙的，它既可以是领导与部下的关系，也可以是朋友关系；诚然，领导与部下身份不同，是有距离的，但身份不同的人，在心理上却不一定有隔阂。一旦你与上级的关系发展到知己这个层次，较之于同僚，你就获得了很大的优势。你可能因此而得到上级的特别关怀与支持。甚至，你们之间可以无话不谈。至此，是否可以预言，你的晋升之日已经为期不远了呢？

某公司部门经理方某由于办事不力，受到公司总经理的指责，并扣发了他们部门所有职员的奖金，这样一来，大家很有怨气，认为方经理办事失当，造成的后果却由大家来承担，所以一时间怨气冲天，方经理处境非常困难。

这时秘书小罗站出来对大家说："其实方经理在受到批评的时候还在为大家据理力争，要求总经理只处分他自己而不要扣大家的奖金。"

　　听到这些，大家对方经理的气消了一半儿，小罗接着说，方经理从总经理那里回来时很难过，表示下月一定要想办法补回奖金，把大家的损失通过别的方法弥补回来。小罗又对大家讲，其实这次失误除方经理的责任外，我们大家也有责任。请大家体谅方经理的处境，齐心协力，把公司业务搞好。

　　小罗的调解工作获得了很大的成功。按说这并不是秘书职权之内的事，但小罗的做法却使方经理如释重负，心情豁然开朗。接着方经理又推出了自己的方案，进一步激发了大家的热情，纠纷很快得到了圆满的解决。小罗在这个过程中的作用是不小的，方经理当然另眼相看。

　　在日常生活中，尤其是在工作中，很可能会出现这样的情况，某种事情明明是上一级领导耽误了或处理不当，可在追究责任时，上面却指责自己没有及时汇报，或汇报不准确。例如，在某机关中就出现这样一件事：部里下达了一个关于质量检查的通知后，要求各省、地区的有关部门届时提供必要的材料，准备汇报，并安排必要的下厂检查。某市轻工局收到这份通知后，照例是先经过局办公室主任的手，再送交有关局长处理，这位局办公室主任看到此事比较急，当日便把通知送往主管的某局长办公室。当时，这位局长正在接电话，看见主任进来后，只是用眼睛示意一下，让他放在桌上即可。于是，主任照办了，然而，就在检查小组即将到来的前一天，部里来电话告知到达日期，请安排住宿时，这位主管局长才记起此事。他气冲冲地把办公室主任叫来，一顿呵斥，批评他耽误了事。在这种情况下，这位主任深知自己并没有耽误事，真正耽误事情的正是这位主管局长自己，可他并没有反驳，而是老老实实地接受批评。事过之后，他又立即到局长办公室里找出那份通知，连夜加班加点、打电话、催数字，很快地把所需要的材料准备齐整。这样，局长也愈发看重这位忍辱负重的好主任了。

为什么他明明知道这件事不是他的责任，而又闷着头承担这个罪名，背这个"黑锅"呢？很重要的一点就在于，这位主任知道，必要的时候必须为领导背黑锅。这样，尽管眼下自己会受到一点损失，挨几句批评，但到头来，为领导解了围于公于私会有相当大的好处。另外，与上司相处时，还应注意不要和他发生冲突，无论是事实上的还是心理上的，领导的权威和面子比自己的更重要。在具体实践中，我们不妨借鉴以下几点：

（1）领导理亏时，给他留个台阶下

常言道：得让人处且让人，退一步海阔天空，对领导更应这样。领导并不总是正确的，但领导又都希望自己正确。所以没有必要凡事都与领导争个孰是孰非，给领导个台阶下，维护领导的面子，对你以后跟领导办事会大有益处。

（2）领导有错时，不要当众纠正

如果错误不明显无关大局，其他人也没发现，不妨"装聋作哑"。如果领导的错误明显，确有纠正的必要，最好寻找一种能使领导意识到而不让其他人发现的方式纠正，让人感觉领导自己发现了错误而不是下属指出的，如一个眼神，一个手势甚至一声咳嗽都可能解决问题。

（3）尊重领导的喜好和忌讳

喜好和忌讳是多年养成的习惯，有些人就不尊重领导的这些方面。一位处长经常躲在厕所抽烟，原因是这位处长手下有四个女下属，她们一致反对处长在办公室抽烟，结果处长无处藏身，只好躲到厕所里过把烟瘾。他的心里当然不舒服，还不到一年，四个女下属就换走了三个。

（4）百保不如一争

会来事的下属并不是消极地给领导保留面子，而是在一些关键时候给领导争面子，给领导锦上添花，多增光彩，取得领导的赏识。

张作霖在一次给日本"友人"题词时由于笔误，把"张作霖手墨"的"墨"字写成了黑，有人说："大帅，缺个土。"正当张作霖一脸窘相时，另一个人却大喝一声："浑蛋，你懂什么！这叫'寸土不让'！大帅能轻而易举地将'土'拱手送给别人吗？"一句话既保住了张作霖的面子，又恰到好处地在上司面前露了一手，结果，他后来成了张作霖离不了的得力助手。

面子在我们的生活中已渗透到方方面面，如果我们把关于面子的学问灵活运用，举一反三，相信你不论在哪种人际关系的处理中都会得心应手，游刃有余，你的路子也会因此越来越宽，越来越平坦，越来越开阔。

愈是大事面子问题愈重要

在日常生活中，偶尔说错话、办错事，那最多是伤了和气、得罪某个人的问题，而且也有机会补救。但在大事——比如军事、外交等来不得半点马虎的事情中，一旦犯下关于交往礼节、面子尊严上的错误，那可就非同小可了。

春秋战国时期，公元前 592 年，晋景公派大夫克访问齐国和鲁国，克与鲁国的大使相约访问齐国，走在齐国的边界上，又遇到卫国的使臣孙良夫，曹国的使臣公子首，也是准备上齐国去的，于是四国的使臣结队而行，来到齐国见齐顷公。齐顷公见了他们差点笑出声音来。办完了公事，请他们第二天去后花园参加宴会。

齐顷公回到宫里见了母亲萧太夫人，忍不住就笑了。太夫人问他有什么值得笑的事情。齐顷公说："今天晋、鲁、卫、曹四国的大夫一块儿来访问，本来就够巧了，那晋国的大夫克瞎了一只眼睛，只能用另一只眼睛看东西；鲁国的大夫季孙行父另有一种神情，他永远用不着梳头，脑瓜顶又光又滑；卫国的大夫孙良夫，两条腿，一条长，一条短；曹国的大夫公子首，罗锅着腰。他们一个独眼龙，一个秃葫芦，一个跛者，一个罗锅儿，不约而同地到了这儿，真有意思。"萧太夫人说："真有这种凑巧的事吗？明天我可要看看。"

齐顷公连年侵略附近的小国，一心想做东方的霸主。以前就怕西方的晋国和南方的楚国。后来晋国在必城把楚国打败了，齐国还跟楚国订了盟约，他还怕谁？他这回成心跟这四国的使臣开个玩笑，看他们服不服，也算是试探试探他们对齐国的态度。

第二天，齐顷公特意挑了四个人招待这四个大夫，陪他们上后花园来。招待一只眼克的也是个一只眼，招待秃子季孙行父的也是个秃子，招待瘸子孙良夫的也是个跛者，招待罗锅儿公子首的也是个罗锅儿。萧太夫人在楼台上瞧见一只眼、秃子、跛者、罗锅儿，双双对对地走过来，不由得哈哈大笑。旁边的宫女们也都跟着笑起来。谷克他们起初瞧见那些执礼的人也都带点儿残疾，还以为是凑巧的事，倒没十分介意，一听见楼上的笑声，才知道是齐顷公成心戏弄使臣，非常生气。

他们从后花园出来以后，一打听在楼上笑他们的是国母萧太夫人，更冒火了。三个国家的大夫对克说："我们好心好意地来访问，他竟成心耍弄我们，真是岂有此理。"克说："我们受了这种欺负，要不想办法报复，也算不得大丈夫了！"于是，四国大夫就对天发誓，决心报仇。

公元前589年，克带着晋国的军队，鲁国季孙行父、卫国孙良夫、曹国公子首各自带领着兵车会合，向齐国进军。

四国的军队与齐顷公的军队在鞍地作战，晋国的克带着军队打得很顽强，齐顷公在华山被晋军团团围住。齐顷公换上了齐国将军逢丑父的衣服，逢丑父装扮成齐顷公，齐顷公才得以脱身。这一仗齐国大败，终于臣服了晋国，还把侵占鲁国和卫国的土地退还了他们。

自古以来，有远见的政治家、军事家，总是十分严肃慎重地对待外交事宜。对于主动来访的使节，不管是友好国家的，还是非友好国家的，都应以礼相待。齐顷公反其道而行之，戏弄侮辱外国使者，把人当猴耍，这种愚蠢的行为使他付出了惨重的代价。

像齐顷公与萧太夫人这样作为一国之主而故意轻薄取笑外交使臣的事，可以说是愚蠢至极。这种事关两国关系的大事是开得玩笑的吗？结果只能是逞了威风，取了乐子，而亡了国家。

第三章
不能放弃"嘴边"的面子

所谓"嘴边"的面子，也就是几句得体的话就能得到的面子。我们说不死要面子，但另有一些面子又是不能不要的，比如迎来送往、求人办事过程中，简单的场面话就能赢得别人的好感，何乐而不为呢？

会套近乎赢得好感

一踏入社会，应酬的机会就多了，这些应酬包括去别人家做客、赴宴、会议及其他聚会等。要想不丢面子不管你对某一次应酬满不满意，"场面话"一定要讲，套近乎的话也一定要会说。

什么是"场面话"？简言之，就是让主人高兴的话。既然说是"场面话"，可想而知就是在某个"场面"才讲的话，这种话不一定代表你内心的真实想法，也不一定合乎事实，但讲出来之后，就算主人明知你

"言不由衷"，也会感到高兴。说起来，讲"场面话"实在无聊之至，因为这几乎能和"虚伪"画上等号，但现实社会就是这样，不讲就好像不通人情世故了。

聪明人懂得："场面之言"是日常交际中常见的现象之一，而说场面话也是一种应酬的技巧和生存的智慧，在世间生存的人都要懂得去说，习惯于说。为此：

（1）学会几种场面话

当面称赞他人的话——如称赞他人的孩子聪明可爱，称赞他人的衣服大方漂亮，称赞他人教子有方等等。这种场面话所说的有的是实情，有的则与事实存在相当的差距，有时正好相反，而且这种话说起来只要不太离谱，听的人十有八九都感到高兴，而且人越多他越高兴。

当面答应他人的话——如"我会全力帮忙的"、"这事包在我身上"、"有什么问题尽管来找我"等。说这种话有时是不说不行，因为对方运用人情压力，当面拒绝，场面会很难堪，而且会得罪人；对方缠着不肯走，那更是麻烦，所以用场面话先打发一下，能帮忙就帮忙，帮不上忙或不愿意帮忙再找理由，总之，有缓兵之计的作用。

所以，在很多情况下，场面话我们不想说不行，因为不说，会对你的人际关系造成影响。

（2）如何说场面话

去别人家做客，要谢谢主人的邀请，并盛赞菜肴的精美丰盛可口，并看实际情况，称赞主人的室内布置，小孩的乖巧聪明……

赴宴时，要称赞主人选择的餐厅和菜色，当然感谢主人的邀请这一点绝不能免。

参加酒会，要称赞酒会的成功，以及你如何有"宾至如归"的感受。

参加会议，如有机会发言，要称赞会议准备得周详……

参加婚礼，除了菜色之外，一定要记得称赞新郎新娘的"郎才女貌"……

说"场面话"的"场面"当然不止以上几种，不过一般大概离不了这些场面。至于"场面话"的说法，也没有一定的标准，要看当时的情况决定。不过切忌讲得太多，要点到为止最好，太多了就显得虚伪而且令人肉麻，这样就让人看出我们的真面目了。

说场面话的目的无非是为了与对方套近乎，套近乎是交际中与陌生人、尊长、上司等沟通情感的有效方式。套近乎的技巧就是在交际双方的经历、志趣、追求、爱好等方面寻找共同点，诱发共同语言，为交际创造一个良好的氛围，进而赢得对方的支持与合作。

外交史上有一则通过套近乎而顺利达成谈判目的的轶事：

一位日本议员去见埃及总统纳赛尔，由于两人的性格、经历、生活情趣、政治抱负相距甚远，总统对这位日本议员不大感兴趣。日本议员为了不辱使命，搞好与埃及当局的关系，会见前进行了多方面的分析，最后决定以套近乎的方式打动纳赛尔，达到会谈的目的。下面是双方的谈话：

议员：阁下，尼罗河与纳赛尔，在我们日本是妇孺皆知的。我与其称阁下为总统，不如称您为上校吧，因为我也曾是军人，也和您一样，跟英国人打过仗。

纳赛尔：唔……

议员：英国人骂您是"尼罗河的希特勒"，他们也骂我是"马来西亚之虎"，我读过阁下的《革命哲学》，曾把它同希特勒《我的奋斗》作比较，发现希特勒是实力至上的，而阁下则充满幽默感。

纳赛尔：（十分兴奋）呵，我所写的那本书，是革命之后，三个月匆匆写成的。你说得对，我除了实力之外，还注重人情味。

议员：对呀！我们军人也需要人情。我在马来西亚作战时，一把短刀从不离身，目的不在杀人，而是保卫自己。阿拉伯人现在为独立而战，也正是为了防卫，如同我那时的短刀一样。

纳赛尔：（大喜）阁下说得真好，以后欢迎你每年来一次。

此时，日本议员顺势转入正题，开始谈两国的关系与贸易，并愉快地合影留念。

日本人的套近乎策略终于产生了奇效。

在这次会谈的一开始，日本人就把总统称做上校，降了对方不少级别；挨过英国人的骂，按说也不是什么光彩事，但对于军人出身，崇尚武力，并获得自由独立战争胜利的纳赛尔听来，却颇有荣耀感；没有希特勒的实力与手腕，没有幽默感与人情味，自己又何以能从上校到总统呢？接下来，日本人又以读过他的《革命哲学》，称赞他的实力与人情味，并进一步称赞了阿拉伯战争的正义性。这不但准确地刺激了纳赛尔的"兴奋点"，而且百分之百地迎合了他的口味，使日本人的话收到了预想的奇效。日本议员先后五处运用寻找共同点的办法使纳赛尔从"不感兴趣"到"十分兴奋"而至"大喜"，可见日本人套近乎的功夫不浅。

这位日本议员的成功，给我们一个重要启示，就是不能打无准备之仗，有备而来，才能套得近乎，并且套得结实，套得牢靠。

没话找话免冷场

不善言谈在交际场合很容易陷入尴尬局面。要想成为沟通的高手，首先必须掌握善于没话找话的诀窍。

没话找话说的关键是要善于找话题，或者根据某事引出话题。因为话题是初步交谈的媒介，是深入细谈的基础，是纵情畅谈的开端。没有话题，谈话是很难顺利进行下去的。

好话题的标准是：至少有一方熟悉，能谈；大家感兴趣，爱谈；有展开探讨的余地，好谈。

那么，怎么找到话题呢？

（1）众人都关心的话题

面对所求的对象，要选择人家关心的事件为话题，把话题对准他的兴奋中心。这类话题是他想谈、爱谈、又能谈的，自然能说个不停了。

（2）借用新闻或身边的材料

巧妙地借用彼时、彼地、彼人的某些材料为题，借此引发交谈。有人善于借助对方的姓名、籍贯、年龄、服饰、居室等，即兴引出话题，常常收到好的效果。"即兴引入"法的优点是灵活自然，就地取材，其关键是要思维敏捷，能作由此及彼的联想。

（3）提问的方式

向河水中投块石子，探明水的深浅再前进，就能有把握地过河；与陌生人交谈，先提一些"投石"式的问题，在略有了解后再有目的地交谈，便能谈得更为自如。如"老兄在哪儿发财？""您孩子多大了？"等。

（4）找到共同爱好

问明对方的兴趣，循趣发问，能顺利地进入话题。如对方喜爱足球，便可以此为话题，谈最近的精彩赛事，某球星在场上的表现，以及中国队与外国队的差距等，都可以作为话题而引起对方的谈兴。引发话题，类似"抽线头"、"插路标"，重点在引，目的在导出对方的话茬儿。

（5）搭上关系，由浅入深

孔子说，"道不同，不相为谋"，只有志同道合，才能谈得拢。我国有许多"一见如故"的美谈。陌生人要想谈得投机，要在"故"字上做文章，变"生"为"故"。下面是变"生"为"故"的几个方法：

①适时切入

看准情势，不放过应当说话的机会，适时插入交谈，适时地"自我表现"，能让对方充分了解自己。

交谈是双边活动，光了解对方，不让对方了解自己，同样难以深谈。陌生人如能从你"切入"式的谈话中获取教益，双方会更亲近。适时切入，能把你的知识主动有效地献给对方，实际上符合"互补"原则，奠定了"情投意合"的基础。

②借用媒介

寻找自己与对方之间的媒介物，以此找出共同语言，缩短双方距离。如见一位陌生人手里拿着一件什么东西，可问："这是什么？……看来你在这方面一定是个行家。正巧我有个问题想向你请教。"对别人的一切显出浓厚兴趣，通过媒介物引发表露自我，交谈也会顺利进行。

③留有余地

留些空缺让对方接口，使对方感到双方的心是相通的，交谈是和谐的，进而缩短距离。因此，和对方交谈，千万不要把话讲完，把自己的观点讲死，而应是虚怀若谷，欢迎探讨。

说话不能惹人厌

有这样一个故事。过去，有个年轻人骑马赶路，忽见一位老汉从这儿路过，他便在马上高声喊道："喂！老头儿，离客店还有多远？"老汉回答："五里！"年轻人策马飞奔，急忙赶路去了。结果一气跑了十多里，仍不见人烟。他暗想，这老头儿真可恶，说谎话骗人，非得回去教训他一下不可。他一边想着，一边自言自语道："五里，五里，什么五里！"猛然，他醒悟过来了，这"五里"，不是"无礼"的谐音吗？于是拨转马头往回赶。追上了那位老人，急忙翻身下马，亲热地叫声"老大爷"，话没说完，老人便说："客店已走过去了，如不嫌弃，可到我家一住。"

这是一则流传很广的故事，它通俗而明白地告诉人们在人际交往过程中讲究礼貌的重要性。"人而无礼，不知其可"，粗俗的言行与得体的礼貌将产生截然不同的交际效果。

和别人打交道，总是以称呼开头，它好像是一个见面礼，又好像是进入社交大门的通行证。称呼得体，可使对方感到亲切，交往便有了基础。称呼不得体，往往会引起对方的不快甚至恼怒，双方陷入尴尬境地，致使交往梗阻甚至中断。那么，怎样称呼才算得体呢？

（1）考虑对方的年龄特征

见到长者，一定要呼尊称，特别是当你有求于人的时候，比如："老爷爷"、"老奶奶"、"大叔"、"大娘"、"老先生"、"老师傅"、"您老"等，不能随便喊："喂"、"嗨"、"骑车的"、"放牛的"、"干活的"等，否则，会使人讨厌，甚至发生不愉快的口角。另外，还需注意，看年龄称呼人，要力求准确，否则会闹笑话。比如，看到一位二十多岁的妇女就称"大嫂"，可实际上人家还没结婚，这就会使人家不高兴，不如称她"大姐"合适。

（2）考虑对方的职业特征

我们在社会上看到一些青年人，不管遇到什么人都口称"师傅"，难免使人反感。可见在称呼上还必须区分不同的职业。对工人、司机、理发师、厨师等称"师傅"，当然是合情合理的，而对农民、军人、医生、售货员、教师，统统称"师傅"就有些不伦不类，让人听着不舒服。对不同职业的人，应该有不同的称呼。比如，对农民，应称"大爷"、"大娘"、"老乡"；对医生应称"大夫"；对教师应称"老师"；对国家干部和公职人员、对解放军和民警，最好称"同志"。在新的历史条件下，随着改革和开放的深入发展，人们的社会交往日渐频繁和复杂，人们相互之间的称呼也就越来越多样化，既不能都叫"师傅"，也不能统称"同志"。比如，对外企的经理、对外商，就不能称"同志"，而应称"先生"、"小姐"、"夫人"等。对刚从海外归来的港台同胞、外籍华人，若用"同志"称呼，有可能使他们感到不习惯，而用"先生"、"太太"、"小姐"称呼倒会使人们感到自然亲切。这种称呼，在开放特区也逐渐为国内的一般工作人员所接受。

（3）考虑对方的身份

有位大学生一次到老师家里请教问题，不巧老师不在家，他的爱人开门迎接，当时不知称呼什么为好，脱口说了声"师母"。老师爱人感到很难为情，这位学生也意识到似乎有些不妥，因为她也就比这位学生大 10 多岁左右。遇到这种情况该怎么称呼呢？按身份，老师的爱人，当然应称呼"师母"，但这是旧称，人家因年龄关系可能不愿接受。最好的办法就是称呼"老师"，不管她是什么职业（或者不知道她从事什么职业）。称呼别人老师含有尊敬对方和谦逊的意思。

（4）考虑自己与对方之间的亲疏关系

在称呼别人的时候，还要考虑自己与对方之间关系的亲疏远近。比如，和你的兄弟姐妹、同窗好友、同一车间班组的伙伴见面时，还是直呼其名更显得亲密无间，欢快自然，无拘无束，否则，见面后一本正经地冠以"同志"、"班长"、"小姐"之类的称呼，反倒显得外道、疏远了。当然，为了打趣故作"正经"，开个玩笑，也是可以的。

在与多人同时打招呼时，更要注意亲疏远近和主次关系。一般来说以先长后幼、先上后下、先女后男、先疏后亲为宜；在外交场合，宴请外宾时，这种称呼先后有序更为重要。1972 年周恩来总理在欢迎美国总统尼克松的招待会上这样称呼："总统先生，尼克松夫人，女士们，先生们，同志们，朋友们！"这种称谓客气、周到而又出言有序的外交家的风度，给人们留下了深刻的印象，是我们学习的典范。

（5）考虑说话的场合

称呼上级和领导要区别不同的场合。在正常交往中，对领导、对上级最好不称官衔，以"老张"、"老李"相称，使人感到平等、亲切，也显得平易近人，没有官架子，明智的领导会欢迎这样的称呼的。但是，如果在正式场合，如开会、与外单位接洽、谈工作时，称领导为"王经理"、"张厂长"、"赵校长"、"孙局长"等，常常是必要的，因为这能体现你的严肃性、领导的权威性和法人资格，是顺利开展工作所必需的。

（6）考虑对方的语言习惯

我国幅员辽阔，人口众多，方言、习俗各异。在重视推广普通话的前提下，还要注意各地的语言习惯。违背了当地的语言习惯，就可能碰钉子。

有人在承德避暑山庄碰到这样一件事情。几个年轻人结伴去旅游，这天他们从避暑山庄出来，想去外八庙，为了抄近路，两个小伙子上前去问路，正遇上一个卖鸡蛋的农家姑娘。一个小伙子上前有礼貌地叫了声："小师傅！"开始这姑娘没有答应，小伙子以为她没听见，又高声叫了一声，这下可激怒了这位姑娘，她嘴上也不饶人，气呼呼地说："回家叫你娘小师傅去！"两个小伙子还算有涵养，压了压火气，没有发作。本来是有礼貌地问路，反倒挨了一顿骂。这是为什么？后来才知道，当地的农民管和尚、尼姑才称"师傅"，一个大姑娘怎愿意听你称她"小师傅"呢？两个小伙子遭到痛骂也就不奇怪了。

礼仪看起来好像简单，但处理不好会耽误大事。三国时，袁绍的谋士许攸投奔曹操后，向曹操献了一计，致使袁绍失败，他自恃功高，在曹操欲进翼城城门时一句"阿瞒，汝不得我，焉得入此门？"为自己掘好了墓坑。所以，有一日，许褚走马入东门，他再次以"汝等无我安得入此门"时，被许褚怒而杀之了。并且将其人头献给了曹操。虽然曹操深责许褚，但从许褚献头时所说："许攸无礼，某杀之矣！"的理由看，不能不说许攸是死于曹操之手，因为光其对许褚"无礼"是不可能被随便杀之的，最起码曹操有默许之嫌。可见礼与无礼有生死之别。

中国是礼仪之邦，说话办事能否顺利达到目的，礼貌举止有时会起到很大的作用。

据说有这么一件事。一位妇女抱着小孩上火车。车上位子已经坐满，而在这位妇女旁边，一位小伙子却躺着睡觉，占了两个人的位子。孩子哭闹着要座位，并指着要他让座。小青年假装没听见。这时，小孩的妈妈说话了："这位叔叔太累了，等他睡一会儿，他就会让给你的。"

几分钟后，青年人起来客气地让了座。

这位妇女无疑处于一个"求人"的地位，她能靠一句话而求人成功，聪明之处正在于以一个"礼"字把对方架在了很高的位置：他应该休息，而且他是个好人，因为如果他不"睡"了，他会主动让给你的。显然，一个再无礼的人面对这样的礼貌也不会无动于衷。

谁都愿听顺耳话，何况是在被人求的时候，明白了这一点，在求人办事时就应该知道怎么做了。

说话要讲究拒绝的技巧

任何人都有得到别人理解与帮助的需要，任何人也都常常会收到来自别人的请求和希望，可是，在现实生活中，谁也无法做到有求必应，所以，掌握好说"不"的分寸和技巧就显得很有必要。

人都是有自尊心的，一个人有求于别人时，往往都带着惴惴不安的心理，如果一开口就说"不行"，势必会伤害对方的自尊心，引起对方强烈的反感，而如果话语中让他感觉到"不"的意思，从而委婉地拒绝对方，就能够收到良好的效果。

要拒绝、制止或反对对方的某些要求、行为时，你可以利用哪个人的原因作为借口，避免与对方直接对立。比如，你的同事向你推销一套家具，而你却并不需要，这时候，你可以对对方说："这样的家具确实比较便宜，只是我也弄不清楚究竟怎样的家具更适合现代家庭，据说有些人对家具的要求是比较复杂的。我的信息也太缺乏了。"

在这种情况下，同事只好带着莫名其妙或似懂非懂的表情离去，因为他们听出了"不买"的意思，想要继续说服你什么，"更适合现代的家庭"，却是一个十分笼统而模糊的概念，这样，即使同事想组织"第二次进攻"，也因为找不到明确的目标而只好作罢。

当别人有求于你的时候，很可能是在万不得已的情况下才来请你帮忙的，其心情多半是既无奈而又感到不好意思。所以，先不要急着拒绝对方，而应该尊重对方的愿望，从头到尾认真听完对方的请求，先说一些关心、同情的话，然后再讲清实际情况，说明无法接受要求的理由。由于先说了一些让人听了产生共鸣的话，对方才能相信你所陈述的情况是真实的，相信你的拒绝是出于无奈，因而也能够理解你的。

例如有个朋友想请长假外出经商，来找某医院想让对方出具一份假的肝炎病历和报告单。对此作假行为医院早已多次明令禁止，一经查实要严肃处理。于是该医生就婉转地把他的难处讲给朋友听，最后朋友说：

"我一时没想那么多，经你这么一说，我也觉得这个办法不行。"

这样的拒绝，既不会影响朋友间的感情，又能体现出你的善意和坦诚。

拒绝对方，你还可以幽默轻松、委婉含蓄地表明自己的立场，那样既可以达到拒绝的目的，又可以使双方摆脱尴尬处境，活跃融洽气氛。

美国总统富兰克林·罗斯福在就任总统之前，曾在海军部担任要职。有一次，他的一位好朋友向他打听在加勒比海一个小岛上建立潜艇基地的计划。罗斯福神秘地向四周看了看，压低声音问道："你能保密吗？""当然能。""那么"，罗斯福微笑地看着他，"我也能。"

富兰克林·罗斯福用轻松幽默的语言委婉含蓄地拒绝了对方，在朋友面前既坚持了不能泄密的原则立场，又没有使朋友陷入难堪，取得了极好的语言交际效果。以至于在罗斯福死后多年，这位朋友还能愉快地谈及这段总统轶事。相反，如果罗斯福表情严肃、义正词严地加以拒绝，甚至心怀疑虑，认真盘问对方为什么打听这个、有什么目的、受谁指使，岂不是小题大做、有煞风景，其结果必然是两人之间的友情出现裂痕甚至危机。

委婉的拒绝能让对方知难而退。例如，有人想让庄子去做官，庄子并未直接拒绝，而是打了一个比方，说："你看到太庙里被当作供品的牛马吗？当它尚未被宰杀时，披着华丽的布料，吃着最好的饲料，的确风光，但一到了太庙，被宰杀成为牺牲品，再想自由自在地生活着，可能吗？"庄子虽没有正面回答，但一个很贴切的比喻已经回答了，让他去做官是不可能的，对方自然也就不再坚持了。

其实，拒绝别人的方式有很多种，你可以给自己找个漂亮的借口，或者运用缓兵之计，当着对方的面暂时不做答复。或者用一种模糊笼统的方式让对方从中感受到你对他的请求不感兴趣，从而达到巧妙地拒绝效果。

人前人后会说人情话

一句人情话能让听者笑逐颜开不是一件容易的事，这需要把握两个要点：一是说之前要观察准确，确保做到投其所好；二是这经过精心准备的话要以"不经意"的方式"随口"说出来，这让对方不会产生被刻意讨好的不快。

美国著名的柯达公司创始人伊斯曼，捐出巨款在罗彻斯特建造一座音乐堂、一座纪念馆和一座戏院。为承接这批建筑物内的座椅，许多制造商展开了激烈的竞争。

但是，找伊斯曼谈生意的商人无不乘兴而来，败兴而归，一无所获。

正是在这样的情况下，"优美座位公司"的经理亚当森，前来会见伊斯曼，希望能够得到这笔价值9万美元的生意。

伊斯曼的秘书在引见亚当森前，就对亚当森说："我知道您急于想得到这批订货，但我现在可以告诉您，如果您占用了伊斯曼先生5分钟以上的时间，您就完了。他是一个很严厉的大忙人，所以您进去后要快快地讲。"

亚当森微笑着点头称是。

亚当森被引进伊斯曼的办公室后，看见伊斯曼正埋头处理桌上的一堆文件，于是静静地站在那里仔细地打量起这间办公室来。

过一会儿，伊斯曼抬起头来，发现了亚当森，便问道："先生有何见教？"

秘书把亚当森做了简单的介绍后，便退了出去。这时，亚当森没有谈生意，而是说：

"伊斯曼先生，在我们等您的时候，我仔细地观察了您这间办公室。我本人长期从事室内的木工装修，但从来没见过装修得这么精致的办公室。"

伊斯曼回答说："哎呀！您提醒了我差不多忘记了的事情。这间办公室是我亲自设计的，当初刚建好的时候，我喜欢极了。但是后来一忙，一连几个星期我都没有机会仔细欣赏一下这个房间。"

亚当森走到墙边，用手在木板上一擦，说：

"我想这是英国橡木，是不是？意大利的橡木质地不是这样的。"

"是的，"伊斯曼高兴得站起身来回答说："那是从英国进口的橡木，是我的一位专门研究室内橡木的朋友专程去英国为我订的货。"

伊斯曼心情极好，便带着亚当森仔细地参观起办公室来了。

他把办公室内所有的装饰一件件向亚当森做了介绍，从木质谈到比例，又从比例谈到颜色，从手艺谈到价格，然后又详细介绍了他设计的经过。

此时，亚当森微笑着聆听，饶有兴致。

亚当森看到伊斯曼谈兴正浓，便好奇地询问起他的经历。伊斯曼便向他讲述了自己苦难的青少年时代的生活，母子俩如何在贫困中挣扎的情景，自己发明柯达相机的经过，以及自己打算为社会所做的巨额的捐赠……

亚当森由衷地赞扬他的功德心。

本来秘书已警告过亚当森，谈话不要超过 5 分钟。结果，亚当森和伊斯曼谈了一个小时，又一个小时，一直谈到中午。

最后伊斯曼对亚当森说：

"上次我在日本买了几张椅子，打算由我自己把它们重新油好。您有兴趣看看我的油漆表演吗？好了，到我家里和我一起吃午饭，再看看我的手艺。"

午饭以后，伊斯曼便动手把椅子一一漆好，并深感自豪。

直到亚当森告别的时候，两人都未谈及生意。

最后，亚当森不但得到了大批的订单，而且和伊斯曼结下了终生的友谊。

为什么伊斯曼把这笔大生意给了亚当森，而没给别人？如果他一进办公室就谈生意，十有八九要被赶出来。

亚当森成功的"绝"窍，就在于他了解谈判对象。他从伊斯曼的办公室入手，以几句人情话巧妙地赞扬了伊斯曼的成就，使伊斯曼的自尊心得到了极大的满足，把他视为知己。这笔生意当然非亚当森莫属了。

事到临头说话要能快速应变

有时你面对一个突发事件或一个刁钻的问题，不知所措固然不行，试图一五一十地把问题解释清楚也不是一个好办法。这时最好面不改色心不跳，同时迅速作出反应，以简单而又能避其锋芒的语言化解。

1972 年 5 月，在维也纳一次记者招待会上，《纽约时报》记者马克斯·弗兰克尔向基辛格提出美苏会谈的"程序性问题"。

"到时，你是打算点点滴滴地宣布呢，还是来个倾盆大雨，成批地发表协定呢？"

基辛格回答："我打算点点滴滴地发表成批声明。"全场顿时哄然大笑。

那位记者发问的方式是选择提问，如果基辛格照他提问选择其中一个来回答的话，都不算是妥当的。基辛格巧妙地使用模糊语言，机智地摆脱尴尬的困境。

我们不可能乞求梦想有一种完美、和谐、符合逻辑的人际关系的存在。现实中，每个人都会经常遇到一些无法料到的困境，譬如说失言、恶意谣言、被冒犯等等。

当你拿起一件精美的装饰品，问主人关于它的来历，他回答说："这是我曾祖母的遗物。"这时，你却不小心把它掉落在地上，打得粉碎；当你应邀参加一个家庭宴会时穿得西装革履，有头有脸，而其他人却是简单的便服时；当你在人们面前发表高论，人们却在小声散布谣言时……

这些事情显然令你面子上非常难堪，你不能够视若无睹，而应该及时补救，以摆脱尴尬的困境。

第一种情况，你应向主人道歉，相信他会谅解你内心的难过。然后，你第二天就到商店寻购礼物，直到找到合意的为止，把它送给他，并附上一封短笺说明你知道这不能弥补被你损坏之物，但你希望他能喜欢它。

第二种情况，为了更好地融洽当时的环境气氛，你可以除去外套，并表示你必须参加另外一个约会，又必须及时到达，这样可以免去更衣的时间。

至于第三种情况，明智的做法就是不加理睬，继续你的发言。就算是下来之后，也不要辩解，因为你越是在公开场合为自己辩解，人们就会越相信那些谣言，真是越抹越黑。有许多很有才气的人，都是被恶意的指控所陷害，又拼命去解释，结果是跳进黄河也洗不清。因为只要你一开始顶嘴，马上会丧失别人对你的同情和支持。

有一次，英国著名戏剧家萧伯纳寄给丘吉尔两张戏票，并附了一张纸条："来看我的戏吧，带上一个朋友，如果您有一个朋友的话。"

丘吉尔回复："我很忙，不能去看首场演出，请给我第二场的票，如果你的戏会演第二场的话。"

丘吉尔好像总是受到来自各方的恶意攻击。一次会议上，一个女议员恨恨地对他说："如果我是你的妻子，就在你的咖啡里放上毒药。"

丘吉尔马上说："如果我是你的丈夫，我就马上把它喝下去。"

面对无礼的冲撞，要掌握这样的应变技巧：

（1）探求出口伤人背后的原因。出言不逊的人，内心往往有许多痛苦要发泄。如果你猜不出他有什么真正的烦恼，不妨问问。记住，对方说的尖酸话不一定都是冲着你而来的，因此，不妨退一步，想想他这样做是否有其他原因。

（2）分析言语本身是否真的含有恶意，抑或是自己神经过敏。

（3）勇敢面对口出恶言者，不要回避。

（4）一笑了之，开点儿玩笑对付侮辱你的话。

（5）通过某一举措来警告对方，令他自动停止恶言。

（6）不予理会，人家说什么，你不要马上动怒，可以顺着他的意思说下去，令他的话落空。

（7）假装懒得理会。人最怕别人认为他无聊讨厌，你可以假装不感兴趣，眨眨眼，打个呵欠，然后用一副"懒得理会"的表情望向别处。

（8）你不可能完全避免受到尖酸话的攻击，试试把一些伤人的话看作是人们失意时的正常发泄，而失意是人人都会有的。我们大多数人都会尽量不去侮辱人，不过偶尔也会犯错。

失言，是容易被人谅解的，因为有很多是出于无意的。正所谓"马有漏蹄，人有失言。"在日常交谈中，难免说滑了嘴，出现了纰漏而使自己陷入窘境。

我的一位好友曾有过这样的经历：他在一次会议上和一位要人谈话，为了想使谈话活泼轻松，于是很随意地说道："看那一位穿圆点花衣服的女人，看到她我就反胃！"

没想到对方这样说："那是我的太太。"

可想而知，当时我的朋友听到这话时的处境是多么无地自容。后来他跟我提起，表示他一回想起来心头上就有点儿发毛。

这也难怪，这样的窘境总是特别地难以补救，但并不是所有的困境都是这样。

果戈理有一句话："理智是最高的才能，但是如果不克制感情，它就不可能获胜。"如果说，我们在遇到尴尬的局面时都是心慌意乱，不能控制自己的感情的话，在这种特殊的场合下自然会穷于应付。这时，我们不妨来个将错就错。

清代著名学者纪晓岚快捷灵巧，机智过人。有一次，乾隆想开个玩笑为难纪晓岚，便问他："纪卿，忠孝怎么解释？"

纪晓岚答："君要臣死，臣不得不死，为忠。"

乾隆立即说："我以君的身份命你现在去死！"

"这……"纪晓岚没料到他竟然会这么说，"臣领旨！"

"你打算怎样死？"

"跳河。"

"好，去吧！"

但纪晓岚走了一会儿，又跑回来了。

乾隆问："纪卿，你怎么没死？"

纪晓岚答："碰到了屈原，他不让我死。"

"此话怎讲？"

"我到河边，正要往下跳时，屈大夫从水里出来，拍着我的肩膀说：'晓岚，这就不对了，想当初楚王是昏君，我不得不死。你应该先问问当今皇上是不是昏君，如果皇上说是，你再死不迟啊！'"

就凭这一句，不仅抑制了皇帝的"圣旨"，也化解了困境。

或许人人都有好奇心，他们有时会问一些根本就不适合问的东西，也许他们是无意的，但你却可以不答。比如说，一些很私人化的问题，一些涉及某方面的机密问题等。

但不管是有意的还是无意的，假如你较重地伤害了别人，应立即承认并向别人道歉，并作自我批评，希望得到宽容，然后闭口不语，不要在其余时间再去谈论这件事。

而我们对于别人的冒失，也应表示不在意，并迅速和尽可能地使他感到自然。

说话能以正压邪才能有面子

有些人说话嘴硬，但因为自己也知道事没做在理上，说话自也气短，只是强词夺理而已，这时候只要你义正词严、针锋相对，保准他退避三舍。

20世纪20年代初，冯玉祥将军任陕西督军，一天，美国亚洲古物调查团的安德里和一位英国人高士林私自到终南山打猎，打死了两条珍贵的野牛。他们洋洋自得，回到西安来见冯督军。

冯督军在帐篷内会见他们。他们十分得意地述说了行猎的收获，以为冯将军会赞赏他们的枪法。只见冯督军听着听着眉头就皱了起来。冯督军问："你们到终南山打猎，曾和谁打过招呼？你们领到许可证没有？"

这两位洋人骄横惯了，居然不把冯督军放在眼里，他们十分傲慢地说："我们打的是无主野牛，所以不用通知任何人！"

冯督军一听，更加生气，慷慨激愤地驳斥他们说："终南山是陕西的辖地，野牛是我国领土内的东西，怎么会是无主的呢？你们不通知地方官府，私自行猎，这是违法的行为，你们知道吗？"

他们不服，辩解说："我们此次到陕西，贵国外部交发给的护照上，明明写着准许携带猎枪字样，可见，我们行猎已蒙贵国政府的允许。怎么会是私自行猎呢？"

冯督军立即反问："准许你们携带猎枪，就是准许你们行猎吗？若是准许你们携带手枪，那你们岂不是要在中国境内随意杀人罗！"

美国人安德里自知理屈，便沉默不言，而英国人高士林仍狡辩说："我在中国已经15年，所到的地方从来没有不准许行猎的！再说，中国的法律也没有不准行猎的条文。"

"中国法律上没有不准外国人行猎的条文，难道又具有准许外国人打猎的条文吗？"冯玉祥慷慨激昂地质问道："你15年前没有遇到过官府禁止你行猎，那是他们睡着了。现在我们陕西的地方官，没有睡着。我负有国家和人民交托的保土维权之任，我就非禁止不可！"

在冯玉祥将军慷慨激昂的正义言辞面前，两个外国人无言以对，只好低头认罪，并请求饶恕他们，以后再也不重犯。

有些时候，有的人因为有某种权势或优势便居高临下，盛气凌人，甚至以某种邪恶的手段践踏人间公理和社会公德，对付这种事也一样要义正词严，当堂断喝。因为不管坏人怎么坏，在公理和道德面前他们也会有所畏缩的。这就叫邪不压正。

江竹筠同志被捕之后，无论敌人怎样严刑拷打，始终宁死不屈。

有一天，特务头子徐远举审问江姐，提出一连串的问题，江姐都置之不理。

徐远举恼羞成怒，准备用他审讯女犯人的绝招——把她的衣服当众全部剥掉，使她害羞之极而不得不招供。

只听得徐远举朝江姐大吼一声："给我把她的衣裤全部剥下来！"

江姐忽地拍案而起，怒目圆睁，指着徐远举厉声喝道："我是连死也不怕的人，还怕你们用剥衣服的卑劣手段来侮辱我吗？不过，我要告诉你，你不要忘记，你是女人养的，你妈妈也是女人，你老婆、女儿、姐妹都是女人，你用这种手段来侮辱我，遭侮辱的不是我一个人，而是世界上所有的女人，连你妈妈在内，也被你侮辱了！你不害怕对不起你妈妈、姐妹和所有的女人，那你就来脱吧！"

江姐一席话，大义凛然，势不可挡，把徐远举惊得目瞪口呆，不知所措，只好作罢。

江姐以浩然正气压倒了敌人的卑劣和嚣张。

从上面两则拍案而起，怒斥敌人的故事中，我们应该受到教育和启发。当我们的人格和尊严受到侵犯时，不应该软弱，也应该像江姐一样，拍案而起，给敌人以迎头痛击。自从改革开放，打开国门后，国外一些犯罪团伙以投资为名，在境内干些有损我中华民族尊严的事。对这些不法分子，我们决不轻饶，应该拍案而起，给他们一点颜色瞧瞧，以维护祖国的尊严。

当今社会也有一些不知深浅的人，好在公众场合聚众闹事，一方面污辱人格，一方面寻衅滋事，对于这种人也要毫不客气，予以痛击。

中纪委常委刘丽英到某县查处一起案件，驱车返回时，突然被300

多名闹事的群众拦住了汽车。在一些人的煽动下，不明真相的群众要求公布调查结果，有的甚至谩骂动手。

在这种群情激愤的情况下，靠一般讲理是无济于事的。于是她来了个下马威，面对乱哄哄的人群，用十分威严的口气大喝道："我是奉命来执行任务的，不是来发动群众的，村有村规，国有国法。法律不允许把调查的情况公开，你们的要求是无理的。你们辱骂国家的办案人员，拦截车辆，妨碍公务，也是法律不允许的。"

接着刘丽英义正词严地介绍了《民法》《刑法》，说明了妨碍公务罪等法律内容。刘丽英以法律为武器，一声断喝，把闹事群众震慑住了。

在你洞明对方故意耍弄手腕欲寻衅挑事时，就可抓住要害，先发制人，开门见山，旗帜鲜明地亮出自己的观点。这不啻给对方以"当头棒喝"，给他一个下马威，制服对方，从而避免冲撞的发生或升级。

总之，只要你站在正义的一方，大可不必怕这怕那不敢说话，而是应大胆地说清事实，摆明道理，让他气短，让他理亏，最后让他服输认错。

说谎让事情更圆满

"撇开道德的标准，谎言就是一种智慧。"真理和事实是客观的，说与不说一个样，只有谎言才能体现些"人文色彩"。

生活离不开谎言，有些时候，你不能不说谎；在一些非常时候，甚至只有说谎，才会更加圆满。

《最后一片叶子》是美国作家欧·亨利的一篇短篇小说，它的故事是这样的：

在某医院的一个病房里，身患重病的病人房间外有一棵树，树叶被秋风一刮，一片一片地掉落下来，病人望着落叶萧萧、凄风苦雨，身体也随之每况愈下，一天不如一天。她想：当树叶全部掉完时，我也就要死了，一位老画家得知后，被这种悲泣深深打动了，他用画的树叶装饰树枝，使那位濒临死亡的女病人坚强地活了下来。

在我们的生活中，也不乏这样的事例，作为医生，面对一个生命垂危的重症患者，经常会宽慰他，对病人说："只要配合治疗，很快就会康复。"

而几乎没有一个医生会对病人说："你根本没有希望了，很快就会死。"同样，作为病人亲友的人，在去探望病人时，即使知道他活不了几天了，也要与医生配合，把谎撒下去，让病人满怀信心地接受治疗。因为生命本身有时是会创造奇迹的，即使没有奇迹出现，让病人充满希望地多活两天也是一种人道精神的表现。这个时候，你不撒谎，还能怎么办？

在医疗方面，谎言必不可少，在教育方面，适当的谎言也会对人产生积极的影响。

教育学家通过研究发现，教师如果善用美好的谎言鼓励学生，学生则会树立信心，并且真正有所进步。

曾经有人做过这样的试验：

把能力相当的初一年级学生分成三个小组，第一组经常给予表扬与称赞；第二组经常给予责备和批评；第三组既不给予表扬和称赞，也不给以责备和批评。

给三个组以相同难度的数学练习题做，这个实验连做了一个星期，得出的结论是：第一组学生的成绩在不断上升；第二组学生一开始有进步，中途就停滞不前了，学习效果不好；第三组学生前三天成绩上升，以后成绩变得直线下降。可见能使学生实力倍增的谎言格外受到欢迎。

大学教授们经常要给自己的学生写推荐信，这些推荐信可能是用来向国外学校申请奖学金，也可能是用来到人才市场上参与激烈的职业竞争，如果学生的确是顶尖的人才，那便不必多说，照实写来就是了。倘若教授诚恳地指出该学生不是出类拔萃的顶尖人才，通常接受推荐的一方就可能理解为该学生是个差劲的学生。如果这样做，他可能伤害这个学生，使其失去深造的机会或难以找到工作，甚至对其一生的命运都会产生不良影响。所以，教授们提笔写推荐信的时候，必定在其中夸大学生的成绩和能力。你可以认为这是在撒谎，但撒这样的谎是必要的。

还有一类谎言是社会礼仪中必须说的奉承话，这些话里大都含水分、夸张、空话连篇，听着那些千篇一律的空话套话，虽然心里并不一定十分愉快，但人类缺少这些空话与谎话，社交礼仪就无从谈起了。

有这么一个故事：

王员外家添了个孙子，在喝满月酒的那天，来了许多庆贺的宾客，大家都看着孩子在有意无意地闲谈。

李秀才说：“令孙将来一定福寿双全，飞黄腾达，富贵荣华，光宗耀祖！”

罗秀才说："人都是一样的，这孩子将来也会长大、变老、死去！"

李秀才受到热烈的欢迎，被奉为上宾，而罗秀才则受到客人的鄙视，主人的嫉恨与冷遇。

难道罗秀才说的不是实话吗？当然是实话，可是实话是不中听的。相反，李秀才说的极有可能是假话，一个人"福寿双全"是很难的，但就是假话讨得了主人的欢心，因为主人正是这么期望的。

礼节性语言和奉承话可给人们的幻想与虚荣心带来极大的满足，使人从困境与艰难中摆脱出来。它让人觉得自己在别人的生活中是受到尊重与重视的，因此它在生活中也是必不可少的，所以卢梭在《忏悔录》中说："我从没有说谎的兴趣，可是，我常常不得不羞愧地说些谎话，以便使自己从不同的困境中解脱出来。有时为了维持交谈，我迟钝的思维，干枯的话题迫使我虚构一些事情以便有话可说。"

林语堂先生也曾说过："什么是中国人的教养？我一直苦苦思索，由是发现了以下三点：一，说谎……二，具有像绅士样说谎的能力；三，以幽默感理解自己心境的平静，并且对地球上的任何事物都不过于热衷。"

人，总是要面对生活的。生活中，真实是重要的，真诚更加重要，这对人生、对社会无疑是有更大价值的。然而，我们所处的社会是纷繁复杂的，大家都是凡人，都期望能出人头地。每个人心中都有这样或那样的欲望和念头，不加选择，不分对象，不分场合把什么都和盘托出，那只会被人当成"笨蛋"来看，只有把握一定的原则，把握好其中的分寸，你才会成为一个受人欢迎的人。

二忌

单打独斗：
善于借用他人的力量才是智者

中国有句俗话，"一个人浑身是铁能捻几根钉？"诚然，凡事总想凭一己之力是很难成事的。很多人不是没有能力，不是不能吃苦，但最后仍然沦于平庸，回过头来总结一下，很大程度上是犯了"单打独斗"这一人生大忌。只有善于借用和依靠他人的力量，做事情才会事半功倍，才是人生舞台上的智者和强者。

第四章
找到并借用"贵人"的力量

贵人，就是在你事业起步和发展的关键时刻能提供必要的帮助、能缩短你的奋斗时间的人。研究一下成功者走过的历程，尽管本身努力的因素显而易见，但无一例外地，贵人的帮助几乎都不可或缺。这里需要指出的是，寻找靠山、依靠贵人并非走歪门邪道，而是要以自己的努力去赢取他人，尤其关键人物对自己的支持。

寻找贵人需要一点创造性

良禽择木而栖，连麻雀都爱拣高枝攀。可见，选择什么样的木和枝就会给自己带来什么样的造化。都说背靠大树好乘凉，要是能给自己找个指点迷津的靠山，说不定哪天你就能扶摇直上，平步青云了。

真正会看病的医生，能根据病人的不同症状来下药，这样就能药到病除。找靠山也理同此事，高明的人，能视当时的社会特点，采用相应的策略，从而达到自己的目的。

清政府的官场中历来靠后台，走后门，求人写推荐信。无论什么人，只要有一封高官的推荐信，就可以如愿以偿地拜官做事了。军机大臣左宗棠的知己有个儿子，名叫黄兰阶，在福建候补知县多年也没有候到实缺。他见别人都有大官写推荐信，想到父亲生前与左宗棠很要好，就跑到北京寻求左宗棠的帮助，可是左宗棠却从来不给人写推荐信，他说："一个人只要有本事，自会有人用他。"一句话就将黄兰阶打发走了。黄兰阶没有得到帮助，又气又恨，离开左相府，就闲踱到琉璃厂看书画散心。忽然，他见到一个小店老板学写左宗棠字体，十分逼真，心中一动，想出一条妙计。于是他让店主写柄扇子，落了款，得意扬扬地摇回福州。

这天，是参见总督的日子，黄兰阶手摇纸扇，径直走到总督堂上，总督见了很奇怪，问："外面很热吗？都立秋了，老兄还拿扇子摇个不停。"

黄兰阶把扇子一晃："不瞒大帅说，外边天气并不太热，只是这柄扇，是我此次进京左宗棠大人亲送的，所以舍不得放手。"

总督吃了一惊，心想：我以为这姓黄的没有后台，所以候补几年也没任命他实缺，不想他却有这么个大的后台。左宗棠天天跟皇上见面，他若恨我，只消在皇上面前说个一句半句，我可就吃不住了。总督要过黄兰阶的扇子仔细察看，确系左宗棠笔迹，一点不差。他将扇子还予黄兰阶，闷闷不乐地回到后堂，找到师爷商议此事，第二天就给黄兰阶挂牌任了知县。

黄兰阶不几年就升到四品道台。总督一次进京，见了左宗棠，讨好地说:"宗棠大人故友之子黄兰阶,如今在敝省当了道台了。"

左宗棠笑道:"是嘛!那次他来找我,我就对他说:'只要有本事,自有识货人。'老兄就很识人才嘛!"

黄兰阶能够官拜道台,是以左宗棠这个大贵人为背景,让总督这个小一点的贵人给他升了官,实在是棋高一着的鬼点子。

我们暂且撇开清政府官场的腐败和黄兰阶欺世盗名的卑劣做法不谈,单从借力的角度来看,黄兰阶正是看准了清政府官场的特点而想出了求官的对策。真可谓对症"下药","药"到"病"除,达到了自己的目的。

在当今社会里,这种靠贵人之力而使自己的事业步步高升的现象同样值得我们借鉴。贵人的引荐和提拔往往就是一种强有力的敲门砖,能够为自己赢得机会和广阔的舞台,充分地释放自己的才华,做到"怀才有遇",从而为自己进一步实现人生价值奠定基础。

做生意更要善于结交贵人

做生意要有靠山。曾经红极一时、富甲一方的"红顶商人"胡雪岩,正是凭着背后强大的官场力量才得以财源滚滚,最终登上财富的高峰。

在封建社会里,士农工商的次序十分明显,商人在社会中处于最末流,这种体制严重影响了商人的发展。任何一个小官吏都可以利用其职务特权干预商人的活动。面对这样的一种情况，商人要想把生意经营下去就必须要有合适的策略。多数人会采取一种回避官府的消极应对措施，而另一类人，却设法争取得到保护，从而获得更大的活动范围和经济利润。胡雪岩即是后一类人。

寻求保护，首先要找到合适的人选。只有将目光放在有前途、有希望的人身上，才能真正找到靠山。

王有龄在当时是一名候补盐大史，打算北上"投供"加捐做官，可是他穷困潦倒，举目无亲，每天只能泡在茶馆里消磨时光，根本无钱"投供"，也就得不到做官的资格。

胡雪岩了解这些情况后，心头不由一亮。他看准眼前的王有龄绝非等闲之辈，若助他进京"投供"，日后定有出头之日，并能成为帮助自己事业腾飞的靠山。虽然胡雪岩当时还只是信和钱庄收账的小伙计，自己不名一文，但是他手里却正握着刚刚收上来的500两银子，他擅作主张，没有将银子交给老板，而是决定在王有龄身上下注。当他将一张500两的银票递到王有龄手中的时候，王有龄又惊又喜，感激涕零，将胡雪岩奉为自己的大恩人。有了这笔钱，王有龄第二天就启程北上了。

胡雪岩回到钱庄，老板知道他私挪钱庄款项后，盛怒之下将其扫地出门了，同行也没有敢收留他的，日子自然难熬。而这时王有龄却开始了他的鸿运，衣锦还乡后，得到了一份掌管海上运粮的肥差，几经周折也没有找到胡雪岩，而在一次闲游中却无意间见到了他。胡雪岩看到王有龄已身登宦门，心里的石头落了地，知道自己的付出终于要有回报了。

王有龄上任后，第一件事就是帮胡雪岩找回饭碗，洗刷名声。钱庄的同事也感到胡雪岩是个忠厚仁义之人，便愈发敬重他。胡雪岩在钱庄业自此声誉大振，为他日后自己开钱庄打下了坚实的基础。

在王有龄的荫庇下，胡雪岩不再做钱庄的"小伙计"，而是自立门户，贩运粮食。他在官与商之间如鱼得水，游刃有余，自此走上了从商的坦途，事业日渐发达。

倚仗贵人之势，胡雪岩在商界中的生意越做越大，萌发了开钱庄的念头。众所周知，没有雄厚的资本，钱庄当然开不起来，然而胡雪岩却在经济实力非常薄弱的情况下要做大生意。常人看来是痴人说梦的事，而对于有人撑腰的胡雪岩来说却胸有成竹。他利用王有龄职务之便，代理海运公款汇划，为自己筹得了一笔款项，又赢得了声誉信用，创立了无形资产，可谓一举两得；同时，他还利用王有龄在官场的势力，代理公库，白借公家的银子开自己的钱庄。不到两年功夫，他的钱庄就轰轰烈烈地开张了。

随后，因为有王有龄这个官声好、升迁快的后台，胡雪岩发现自己面前突然铺开了一个新的世界。粮食的购办与转运，地方团练与军火的费用，地方厘捐丝业，各方面的钱都往胡雪岩所办的钱庄里流了进来。他深谙贵人势力对自己巨大的保护作用，因此他继续帮助那些有希望有前途的官员，巩固自己的地位；同时也迁就时局，不断寻找新的保护人，以求自身的发展。他乐此不疲地帮助左宗棠筹款购物，除了商业目的外，还为了通过支持左宗棠兴办洋务，成就功名，从而为自己在朝廷中找到一棵安身立命的大树，让自己减少风险，增加安全。有了左宗棠这样一个大员做后盾，有了朝廷赏戴的红顶，赏穿的黄马褂，天下人莫不以胡雪岩为天下一等一的商人，莫不视胡雪岩的阜康招牌为一等一的金字招牌。胡雪岩也敢放心地一次吸存上百万的巨款，也可以非常硬气地与洋人抗衡。任何一个以本业为主，不能上传下达的商人都不敢像他这么做。可是胡雪岩统统做到了。

作为"红顶商人"的胡雪岩，其"红顶"很具象征意义，因为是朝廷赏发的，戴上它，意味着受到了皇帝的恩宠，也意味着他所从事的商业活动的合法性，同时，皇帝的至高无上也保证了胡雪岩的信誉，可谓一箭三雕。胡雪岩凭着这"红顶"，积累了万贯家资，成为显赫一时的一代巨贾。胡氏以其睿智的眼光，发现了靠山对于生意人的重要性，并一生致力于培植自己的靠山，踩着靠山的阶梯，登上了财富的宝座。

当然，官、商合流违背政治原则和社会道德，而且倚官为势终究不稳定，肥缺人人想占，这就容易构成官场上钩心斗角、政情动荡，不利于社会的稳定与发展。但是胡雪岩用一生的经验所演绎的那句"做生意不能没有靠山"确实值得人们思索。

贵人只帮助那些有头脑、有准备的人

历史上大部分有成就的人，都要给自己找个贵人做依靠，并从中受益。而在现代社会，借贵人之光为自己宣传造势的手段，已被商业、文化、经济、政治、外交等领域广泛地运用着，尤其对于商家来说，若能给自己的产品找个特殊代言人，自然人气大升，销路广开。比如耐克鞋业与乔丹，健力宝集团与李宁，在"攀龙附凤"的过程中，产品本身自然也就会身价大增了。

1989 年夏，正当健力宝公司的事业发展如日中天时，世界体操王子李宁卸甲退役，加盟健力宝集团，这一消息引起了社会的巨大震动。

健力宝公司的总经理李经纬与体操王子李宁，一个是优秀企业家，一个是世界体育明星，早就有了交往。在李宁告别体坛之前，李经纬和他曾做过一次深谈，得知了李宁退役后的最大心愿是办体操学校，培育体操人才。而办学要钱，必须要靠实业才能实现这个理想。这使李经纬想起外国一个著名足球运动员退役后开办运动鞋厂的故事，李宁不也可以这样做吗？同时他深知，如果李宁的名字与健力宝联在一起，会给健力宝公司带来不可估量的社会效应和物质效应。

李经纬由此萌发了邀请李宁加盟健力宝，创办李宁运动服装厂的念头。李宁也愉快地接受了健力宝的邀请，担任总经理特别助理，筹建李宁牌运动服装厂。随着亚运会的召开，李宁运动服也一炮打响。

1990 年北京亚运会，"健力宝"在全国各企业中捐款名列第一。1992 年，中国体育代表团出征巴塞罗那，"健力宝"是唯一的国内赞助单位。这一切都少不了李宁的作用力。

健力宝集团看准了李宁身上所蕴含的巨大的商业价值，他实业办学的同时宣传了自己的产品和企业，借李宁的力量树立了自己的形象，为自己的产品找到了靠山。

不仅中国的商家走销售的捷径要借贵人之力，国外的企业为了增加利润也要寻找靠山。

鞋商菲尔·耐克最成功最典型的例子，就是同 NBA 巨星乔丹签订了推销合约。作为 NBA 巨星，迈克尔·乔丹的崇拜者无论在美国还是在世界各地都以成千上万计，喜爱他的球迷往往以乔丹的穿戴来装扮自己。对于如此具有影响力的大明星，聪明的菲尔·耐克不会放过，他不惜重金聘请乔丹为自己的产品做广告。随着乔丹为耐克鞋做的广告频频出现在电视上，随着乔丹驰骋在万人瞩目的篮球场上，耐克公司的销售量更是直线上升。乔丹的一声赞赏远远超过千百句苦口婆心的推销言辞。

耐克公司很会攀附，它利用众人对"飞人"的崇拜心理，将自己的产品与乔丹的名字并列，无形中提高了产品的知名度和信任度，吸引了消费者的眼球，也赢得了巨大的经济利润。耐克公司借着乔丹这棵大树，能让自己立于鞋业的不败之地，真可谓"慧眼识贵人"。

美国一家公司所生产的天然花粉食品"保灵蜜"销路不畅，经理绞尽脑汁，如何才能激起消费者对"保灵蜜"的需求热情呢？如何使消费者相信"保灵蜜"对身体大有益处呢？广告宣传，未必奏效，大家见得多了。

正当一筹莫展的情况下，该公司负责公共关系的一位工作人员带来喜讯：美国总统里根长期吃此食品。原来，这位公关小姐非常善于结交社会名人，常常从一些名流那里得到一些非常有价值的信息。这一次她从里根总统女儿那里听到了对本企业十分有利的谈话。据里根的女儿说："20多年来，我们家冰箱里的花粉从未间断过，父亲喜欢在每天下午4时吃一次天然花粉食品，长期如此。"后来该公司公关部的另一位工作人员，又从里根总统的助理那里得来信息，里根总统在健身壮体方面有自己的秘诀，那就是：吃花粉，多运动，睡眠足。

这家公司在得到上述信息并征得里根总统同意后，马上发动了一个全方位的宣传攻势，让全美国都知道，美国历史上年纪最大的总统之所以体格健壮，精力充沛，是因为常服天然花粉的结果。于是"保灵蜜"风行美国市场。

看来，提升企业形象，增加企业利润，没有一个坚实的力量为你撑腰是不行的。如何在最短的时间内争取到最大的效益，有没有"靠山"至关重要。有一个强大的后台为你造势，肯定就会有更多的人买你的账，反之可能就是死路一条。

"机遇喜欢光顾有准备的头脑"，只要仔细观察，用心分辨，就能找到助你成功的人。天上不会掉馅饼，贵人也不会主动找上门来，攀龙附凤，首先要懂得创造龙，创造凤。出人头地的愿望人人都有，被社会所认可，也是人们正当的追求，不但有利于个人的发展，更有利于社会的进步。在努力上进的同时，给自己创造出一个或者几个贵人，不但能让自己早日迈向成功，更能让自己以一种积极的态度面对生活，也让自己的生命变得更加充实。结交权贵，攀龙附凤这些做法虽有沽名钓誉之嫌，但只要不损害别人，就是光明正大之举，寻找贵人、依靠贵人也自然值得世人借鉴。

借用贵人要伺机行事

贵人与你近在咫尺，可却不一定随时都能为你所用。要想最有效、最自然地借贵人之力，就必须学会伺机行事。

背叛秦国的叔孙通能够得到刘邦的欣赏，就是因为他善于察言观色，捕捉机会。

其实，他已清楚地看出了秦国即将灭亡的形势，当夜便逃出秦都咸阳，投奔陈胜、吴广的队伍去了。陈胜、吴广失败以后，他先后又归顺过项梁、义帝、项羽，最后项羽失败，他投降了刘邦。

刘邦这个人不喜欢读书人，叔孙通为了迎合刘邦，就脱掉了自己儒生的服装，特意换上一身刘邦故乡通行的短衣短衫，果然赢得了刘邦的好感。

当他投降刘邦时，有100多名学生随他而来，可他并不向刘邦推荐，而他所推荐的，全是一些不怕死、敢拼命的壮士，学生们不免有了怨言："我们追随先生多年，又同先生一起降汉，先生不推荐我们，专推荐一些善于拿刀动剑的人物，真不知你是怎么想的！"

叔孙通说："刘邦现在正是打江山的时候，自然需要一些能够冲锋陷阵的人，你们能打仗吗？你们别着急，且耐心等待，我不会忘了你们！"

在刘邦当上皇帝以后，那些故旧部下全不懂得一点君臣大礼，有时在朝堂上，也争功斗能，饮酒狂呼，甚至拔剑相向。刘邦面对这帮昔日得力兄弟深以为患，这帮兄弟毫无君臣之礼，何能体现汉朝天子的威风，日后又何能统御他们，使刘姓子孙保有万世江山？这一点让叔孙通看出来了，他便趁机建议制定一套大臣朝见皇帝的礼仪。刘邦自然同意。

这样一来，他的那班弟子都派上了用场，同时他还特地去到礼仪之邦的鲁地，征召一批懂得朝廷大典的人。有两个读书人不愿意来，当面指责他道:"你踏上仕途以来,前前后后服侍了十几个主子,都是以阿谀奉承而得到贵宠。现在天下刚刚安定下来,死者还没得到安葬,伤者还未得到治疗,国家百废待兴,你却一门心思去搞那远不是当务之急的礼仪。你的作为完全不符合古人设置礼仪的初衷,我不会跟你一块去的,你赶快走开,别玷污我!"

叔孙通一点也不生气,反而讥笑道:"真是一个腐儒,完全不懂得适应时局的变化!"

于是便和征召来的 30 个人往西进函谷关,和皇上左右近臣和素有学问的人,以及叔孙通的弟子 100 多人在野外用茅草做人竖立在地上,作尊卑的区分,练习了一个多月,叔孙通说:"皇上可以去看看。"皇上让他们施行礼仪,说:"我能做到这套礼仪。"于是便颁令大臣们学习,这时恰巧是十月朝会之时。

汉高祖七年(公元前 200 年),长乐宫建成,诸侯们和大臣们进行十月朝拜岁首的礼节。仪式是:在天没亮之前,朝拜的人施礼,被人引导依次进入殿门,宫廷中排列着车马骑兵和守卫的士兵军官,设置兵器,插上旗帜,传声说:"快走。"皇上听政的大殿下郎中们在夹阶而站,每阶都有几百个人。有功之臣、诸侯们、将军们依官阶大小依次站在西边,面向东;文官丞相以下的官员站在东面,面向西。于是皇帝坐着专用小车从房里出来,众官员们传声唱警,带领诸侯王以下到六百石的官员依顺序向皇帝祝贺。从诸侯王以下的官员没有不感到震惊恐怖肃然起敬的。那些大殿上朝拜的人都趴下身子低着头,以位置尊卑为序一个一个起来向皇上礼拜。礼仪酒喝过九杯,掌管宾客的谒者说:"停止喝酒。"御史前去执行法令,凡不按仪式规定做的就给带走治罪。整个朝会过程都摆设有酒，没有敢喧哗失礼的人。于是汉高祖说："我只是今天才知道当皇帝的尊贵。"让叔孙通当了奉常，赏赐给他 500 斤金子。

叔孙通趁机推荐说："我的那些弟子儒生跟随我很长时间了，和我一同制定的这套礼仪，希望陛下您赏他们做官。"汉高祖都让他们做了郎中。叔孙通出宫后，把 500 斤金子全赏给了他的弟子。那些书生们于是便高兴地说："叔孙通先生是个圣人，懂得现在这个世界的事情。"

叔孙通果然是一位通晓攀附依靠之事的"圣人"，他不但知道怎样迎合自己的贵人，更知道如何把握时机，更好地利用身边的贵人。他合乎时宜地向刘邦推荐各种人才，更适时地找到了约束那群武将的方法，了却了刘邦的心头大患，成为权贵的宠臣，直至汉惠帝时期。

叔孙通在摸清了君主的心思之后，适时地改变着自己的言行、对策，想贵人之所想、急贵人之所急，让主子时刻看到他的用处，也从主子那里源源不断地得到实惠。可见，借用贵人必须适应时局的变化，根据情况采取措施，才会无往而不胜。

借用贵人要讲究方式

生活中，任何人都希望能够借贵人之势，为自己求得某种利益。但是，贵人分许多种，他可能是政界名人，也可能就是你身边的领导上司，而你的目标也有许多个，或许为名，或许为利，也或许是为了生活中迫切需要解决的问题。所以，当我们依靠贵人办事的时候，就必须讲究方式。

第一，要依附贵人，首先要进入贵人的视线，引起他的注意。

在宋朝时，有人假造韩国公韩琦的信去见蔡襄，蔡襄虽然有所怀疑，但是他性情豪放，就送给来者3000两银子，写了一封回信，派了4个亲兵护送他，并带了些果物赠送给韩琦。这个人回到京城后，拜见韩琦，承认了假冒的罪责。韩琦缓缓地说："君漠（蔡襄字）出手小，恐怕不能满足你的要求，夏太尉正在长安，你可以去见他。"当即为他写了封引荐信。韩琦的子弟对此举表示疑惑不解，觉得不追究伪造书信的事就已经很宽容了，引荐的信实在不该写，韩琦说："这个书生能假冒我的字，又能触动蔡君漠，就不是一般的才气呀！"这人到了长安后，夏太尉竟起用他做了官。

假冒权贵之亲信，虽然是一着险棋，但是达到了接近贵人的目的，也就得到了贵人的认可和提拔的机会，那接下来的路也就顺畅多了。

其次，要得到贵人的重视和关爱，就必须采取主动。正如人们常说的：老实人吃哑巴亏，会哭的孩子有奶吃。

在同等条件下，两个同事工作都勤恳认真，业绩也不相上下。但在分房时，一个"有苦难言"对领导只提了一次要求，虽然自己结婚好几年，3口人挤在一间破旧的平房里，希望领导能照顾自己。但另一位却三天两头地找领导诉苦，有空就拨拨领导脑子里面分房的这根弦，结果被优先考虑，而他的那位老实巴交的同事却只能眼巴巴地看着别人住进宽敞明亮的新房。

有些人认为向领导要求利益，会影响自己在他心目中的形象，因此只会埋头苦干，而事实上，领导也会把手中的利益作为一个笼络人心、激发下属的手段。只要自己尽心尽职地做好本职工作，采用合适的方法主动争取领导的帮助，不但能解决自身的实际问题，还能够加深与领导的关系。

另外，和贵人攀关系，求领导办事，一定要掌握分寸，只有关系到你切身利益，而又不影响对方面子的事才有可能得到帮助。

比如，你爱人调动工作，你通过别的关系可能费了九牛二虎之力难以办成，如果你找单位领导办，领导觉得你重视了他的地位，使他有了救世主的感觉，又可以作为为单位职工解决困难而积累其领导成绩的资本。如果你有困难从不找领导，他可能会认为你看不起他；反之，如果你事无巨细都去靠领导帮你解决，他会觉得你这个人太不值钱，甚至会认为你缺乏办事能力。只有把握好其中的尺度，才能达到自己的目的，拉近与领导的关系。

最后，要经常激励你的贵人，让他知道，帮助你晋升后他有什么好处，不帮你晋升，他会有什么损失，从而激发出他提拔你的积极性。而如果你现在的领导没有能力提拔你，你就必须绕道而行，以退为进寻求另一个贵人的帮助。

总之，借用贵人必须讲究方式。对不同的人采取不同的策略，对不同的事也要具体分析。灵活处理，不断变通，才能更好地靠住大树，攀附贵人。

善于经营自己的贵人

春种秋收，中间需要不断地投入和辛苦地经营。人与人的关系同样如此。要想从贵人那里源源不断地汲取精华，得到多个贵人的帮助，就必须用心经营，广开门路。

背靠大树，可以安身立命。但是，再大的树也有经不住的风雨，要是死靠在一棵树上，万一风云突变，可就祸及自身了。因此，为了保全性命，求得发展，不但要靠大树，攀高枝，更要眼光灵活，视野开阔，给自己多留一条后路，别在一棵树上吊死。

古语有云："忠臣不事二主"，但是裴矩一生却经历了 3 个王朝，侍奉过 7 个主子，而且深得各位主子的喜爱，无论在北齐，还是在隋唐，他都能春风得意，官运亨通。难道他有做官的法宝？当然不是，他不过是懂得经营罢了。在依附眼前主子的同时，眼观六路，耳听八方，给自己找到了一个又一个的靠山。

他看出隋炀帝是一个好大喜功的人，便想方设法挑动他拓边扩土的野心。他不辞辛苦，亲自深入西域各国，采访各国的风俗习惯、山川状况、民族分布、物产服装等情况，撰写了一本《西域图记》。果然大得隋炀帝的欢心，一次便赏赐他 500 段绸缎，每天将他召到御座之旁，详细询问西域状况，并将他升为黄门侍郎，让他到西北地区处理与西域各国的事务。他倒不负所望，说服了十几个小国归顺了隋朝。

有一年，隋炀帝要到西北边地巡视，裴矩不惜花费重金，说服西域 27 个国家的酋长，佩珠戴玉，服锦衣绣，焚香奏乐，载歌载舞，拜谒于道旁；又命令当地男女百姓浓妆艳抹，纵情围观，队伍绵延数十里，可谓盛况空前。隋炀帝大为高兴，又将他升为银青光禄大夫。

裴矩一看他这一手屡屡奏效，便越发别出心裁，劝请隋炀帝将天下四方各种奇技，诸如爬高竿、走钢丝、相扑、摔跤以及斗鸡走马等各种杂技玩耍，全都集中到东都洛阳，令西域各国酋长使节观看，以夸示国威，前后历时一月之久。在这期间，又在洛阳街头大设篷帐，盛陈酒食，让外国人随意吃喝，醉饱而散，分文不取。当时外国人的一些有识之士也看出这是浮夸，是打肿脸充胖子，隋炀帝却十分满意，对裴矩更是夸奖备至，说道："裴矩是太了解我了，凡是他所奏请的，都是我早已想到的，可还没等我说出来，他就先提出来了。如果不是对国家的事处处留心，怎么能做到这一点？"于是一次又赐钱40万，还有各种珍贵的毛皮及西域的宝物。

裴矩想方设法地巴结隋炀帝，在得到认可的同时，也达到了既富且贵的目的。然而，隋炀帝这棵大树并没有因为自己的虚荣炫耀而枝繁叶茂，相反，却在一场旷日持久的辽东战争中耗尽了能量，走向了亡国的边缘。

战争中的隋王朝怨声四起，义兵满布，隋炀帝困守扬州、一筹莫展之时，裴矩看出来，这个皇帝已是日暮途穷了，再一味地巴结他，对自己会有百害而无一利，他要转舵了，将讨好的目标转向那些躁动不安的军官士卒。他见了这些人总是低头哈腰，哪怕是地位再低的官吏，他也总是笑脸相迎。他并且向隋炀帝建议："陛下来扬州已经两年了，士兵们在这里形单影只，也没个贴心人，这不是长久之计，请陛下允许士兵在这里娶妻成家，将扬州内外的孤女寡妇，女尼道姑发配给士兵，原来有私情来往的，一律予以承认！"

隋炀帝对这一建议十分赞赏，立即批准执行。士兵们更是皆大欢喜，对裴矩赞不绝口，纷纷说："这是裴大人的恩惠！"到将士们发动政变，绞杀隋炀帝时，原来的一些宠臣都被乱兵杀死，唯独裴矩，士兵们异口同声说他是好人，得以幸免于难。

后来他几经辗转，投降了唐朝，在唐太宗时担任吏部尚书。他看到唐太宗喜欢谏臣，于是摇身一变，也成了仗义执言、直言敢谏的忠臣了。

唐太宗对官吏贪赃受贿之事十分担忧，决心加以禁绝，可又苦于抓不住证据。有一次他派人故意给人送礼行贿，有一个掌管门禁的小官接受了一匹绢，太宗大怒，要将这个小官杀掉。裴矩谏阻道："此人受贿，应当严惩。可是，陛下先以财物引诱，因此而行极刑，这叫做陷人以罪，恐怕不符合以礼义道德教导人的原则。"

唐太宗接受了他的意见，并召集臣僚说道："裴矩能够当众表示不同的意见，而不是表面上顺从而心存不满。如果在每一件事情上都能这样，还用担心天下不会大治吗？"

裴矩能够在这样一个动荡而又危机四伏的社会里做到左右逢源，处处得意，主要是因为他识时务，只要能提拔他、帮助他的人，他都尽力地去靠，为自己赢得了一次又一次的机会。

依靠贵人的前提是自己要有能力

要给自己找个贵人做靠山，除了要善于把握机会以外，更要有一定的真本事，有了真才实学并能够踏实认真地做好本职工作，贵人的力量才能得到有效的发挥。否则，即便有无数的贵人为你撑腰，那也只能是个永远也扶不起来的阿斗。

南郭先生滥竽充数的故事想必大家都听说过，他不学无术，又想混进宫廷，虽然侥幸得到了贵人的引荐，成了一名宫廷乐师，却经不住真刀实枪的现场考验，最终只能灰溜溜地逃走了。

纵观历史，那些深得帝王信任和重用的人，无一不是才华横溢，能力杰出之辈。

苏秦，字季子，战国时期洛阳（今河南洛阳东）人，终生所学属于纵横家学派，为纵横派著名代表人物之一。在战国角逐、合纵、连横的外交斗争中，他曾经大显身手，先后游说燕、齐、赵、韩、魏和楚各国，使之联合起来以御强秦。在东方各国合纵的强大声势下，秦国曾一度被迫归还部分侵占韩、魏的土地，并取消帝号。史称："六国纵合而并力焉。苏秦为纵约长，并相六国"。司马迁在写完苏秦的事迹后，亦称颂说："夫苏秦起闾阎，连六国从亲，此其智有过人者。"

其实，苏秦这样一位显赫一时的杰出外交家和学者，在其年青时曾经遭遇过一段很是坎坷困难的境遇。（苏秦）习之于鬼谷先生。出游数岁，大困而归。兄弟嫂妹妻妾皆窃笑之，曰："周人之俗，治产业，力工商，逐什二以为务。今子释本而事口舌，困，不亦宜乎！"由于苏秦所习纵横学，术不精，游说无成，不为人君所用，回到家里穷困潦倒，受到全家人的讥讽挖苦，当时他的心绪是可想而知的。可贵的是，他并没有就此灰心丧气而沉沦下去。史载："苏秦闻之而惭，自伤，乃闭室不出，出其书遍观之。"终于，苏秦成了纵横派的大学者，口似悬河，才华横溢，为后来游说各国国君，"为从约长，并相六国"的事业奠定了基础。

《阴符》乃姜尚即姜太公所著。其书属于谋略类。《战国策》还记载说：苏秦为了研究《阴符》之谋，不仅"伏而读之"，"简练以为揣摩"，并且"读书欲睡，引锥自刺其股，血流至踵"。其攻读的刻苦程度，真是跃然于纸上。这便是苏秦读书"锥刺股"的来历。

由此看来，对书籍精读、苦读，而后有成，继而把所学的本领作为制造靠山的资本，可以得到贵人的赏识，也能实现自己的价值。

楚庄王时期的孙叔敖，也是凭着自己的博学多才而得到了贵人的赏识和重用。

孙叔敖是原楚国忠臣司马贾的儿子，父亲司马贾被奸党所杀害后，为躲避灾祸，便侍奉母亲逃回家乡种田度日。

他自幼有胆有识，年纪稍大便奋发读书，研究文韬武略，为人所称道。正赶上楚国大臣虞邱奉楚庄王之命四处查访，选贤任能，便将孙叔敖引荐给楚庄王。庄王为了验证孙叔敖的才学，就向他请教治国之道，孙叔敖从容作答。君臣畅谈一天，越谈兴致越高。楚庄王兴奋地说："论见识和韬略，朝廷大臣无人能与你匹敌！"说完，马上要拜孙叔敖为令尹。孙叔敖推辞说："我出身于田野农舍，骤然执掌令尹大权，怎么让众人信服呢？大王若有意用我，就把我排在众臣之后吧。"楚庄王却坚信自己的眼力："我已经知道了你有这份才能，请不必推辞了！"孙叔敖见庄王如此信赖自己，感动得热泪盈眶，只好挑起了令尹的重担。孙叔敖任职以后，着手大刀阔斧地改革制度，开垦荒地，挖掘渠道，发展生产。为了从根本上消除旱涝灾情，他组织和动员几十万百姓，兴建了楚国最大的水利工程——芍陂（今安徽省寿县南），使百万亩农田得到了灌溉。他还协助楚庄王训练军队，整修武备，终于在公元前597年打败了晋国，成为中原霸主。

当初，楚国的大夫们对出身微贱的孙叔敖担任令尹，都很不放心。后来，看到他办事井井有条，待人谦虚诚恳，无不佩服，称他是"子文再生"（子文是楚成王令尹，以贤能著称）。

孙叔敖凭借自己的一身才学，得到了接近贵人的机会，并得到了贵人的重用，为自己找到了个坚实的靠山。

由此看来，"学而优则仕"，才华与能力是接近靠山的名片，只有具备了真才实学，才能为自己找到可以依靠的贵人，成就自己的抱负。

第五章
依靠"朋友"这笔宝贵的财富

在家靠父母，出门靠朋友。如今，衡量一个人成功的标准，除了财富、地位，还有很重要的一条，就是看你身边有多少、有些什么样的朋友。因为朋友代表资源，而资源有时比资本能产生更大的威力。但是千里难寻是朋友，要交到朋友，首先要付出真诚和友爱。有朋友为你两肋插刀，世界上也就没有什么做不到的事情了。

朋友是永远的财富

朋友能够慰藉你的精神，使你的身心得到更大的快乐，督促你道德上的提高。在与朋友的交往过程中，能够得到人生的感悟，受到心灵的启迪。陶冶情操，勉励人格的同时，也会让你的人生变得更加丰富多彩，而又情趣盎然。

一个真正的朋友，在思想上会与你接近，也能够理解你的志趣，了解你的优势和弱点。他会鼓励你全力以赴地做好每一件正当的事，消除你做任何坏事的不良念头。为你增加无穷的能量与勇气，让你以"不达成功决不罢休"的精神，积极地度过每一天。

一个见识过人、能力很强的人，即使目前看上去已经事业有成，如果没有几个真正的朋友，那就不能称得上是成功。因为"一个人是否成功很大程度上取决于他择友是否成功"。

社会中有许多靠着朋友的力量而成功的人，如果能把他们的成功过程一一研究起来，你会发现朋友是一笔巨大的财富。一位作家说过这样的话："谁也无法单枪匹马在社会的竞技场上赢得胜利、获得成功。换句话说，他只有在朋友的帮助和拥护下，才不至于失败。"

和你的朋友在一起不但可以陶冶性情，提高人格，还可以随时在各方面给你带来帮助。而且，你的朋友往往还会给你介绍许多使你感兴趣、获得益处的同性异性朋友来。在社会上，你的朋友又能随时帮助你，提携你，能把你介绍到本会被拒绝的地方。这些朋友都是诚心诚意的，无论是对于你的生意，还是你的职业都到处替你做宣传。告诉他们的朋友说，你最近又出了什么书；或者说你的外科手术很高明；或者告诉别人，说你是水平极高的大律师，最近又赢了一场官司；或者说你有许多先进的发明；或者说你的业务非常棒。总而言之，真挚的友人没有一个不肯帮你不肯鼓励你的。

如果你知道有人信任你，那是一种极大的快乐，能使你的自信得到格外的增强。如果那些朋友们——特别是已经成功的朋友们——一点都不怀疑你，一点都不轻视你并能绝对地信任你；他们认为，你的才能完全是能够成功的，是完全可创下一番有声有色的事业的，那么，这对于你来说不啻于一剂激励你奋发有为的滋补药。

　　许多胸怀大志者正在惊涛骇浪中挣扎、在恶劣的环境中奋斗，希望获得一点立足之地时，倘若他们突然知道有许多朋友恳切地期待着他们的成功，那么这个时候，他们将变得更有勇气、更有力量。

　　有些命运坎坷、经历无数艰难险阻的人，在为成功而奋斗的路途上正要心灰意冷、准备停顿、不再前行时，突然想起他那亲如手足的兄弟来，他的兄弟不是拍着他的肩膀，告诉他不要让大家失望吗？已经心灰意冷的奋斗者就会重新又振作起精神来，重新以百折不挠的意志力和无限的忍耐力继续去争取他们的成功。

　　尊重和珍惜自己的朋友，用你的真心积极地与朋友沟通，悉心听取朋友的见解和忠告，把它们当成你前进路上的参考。多一个朋友，就多了几分能量和智慧，也多了一份帮助你分担痛苦，分享快乐的源动力，减轻你的痛苦，放大你的快乐，生活也就会因此而充满了乐趣。依靠你的朋友，那是你一生也用不尽的财富。

与同事建立私交好处多

　　生活中，大多数人都会被一大堆繁复的公务所纠缠，每天除了自己的家人，面对的就是身边的同事。以一颗极其疲惫的心灵，每天按着自己的角色机械地行事，或者面对一些陌生的脸孔却要小心配合，开展工作，不但心情受到压抑，工作也难以得到迅速进展。

与其这样苦苦地支撑，倒不如在工作中建立你的私人友谊，那样，不但能够避免尴尬生硬的工作场面，还能够在松弛的状态下拉近彼此的距离，在与朋友自然的交往中完成各自的工作，提高做事的效率。

你的生活和工作息息相关，从你步入社会的那一天起，大多数时间都在与你的同事共同度过。与他们中的一部分建立私交，成为你特殊状态下的特别朋友，无论对你的事业、工作还是生活都是极其有益的。

因为一些个人的经验和情感是普通人共有的。不管你拥有什么头衔或者挣多少钱，从个人角度来说，大家相似之处实在多于相异之处。如果你能记住这点并能从这个角度与人们建立关系，那么你就会发现：

首先人们对你的感情会更有利于你。因为大家没有想到你会指出你和人们的共同点并把你个人的情形告诉他们，大家在惊奇之余也感到高兴。他们马上感到与你很近并且乐于接受你告诉他们的一切。（想想看，当某人以这种方式对待你时，你不是有同样的感受吗？）

其次，人们对你会更加开诚布公。你的开诚布公也使他们有信心和勇气表露他们自己。当你继续做这样的人际关系的沟通时，你肯定会发现大家有更多的共同基础去建立一种积极的工作关系。

第三，你不仅了解他人也更了解自己。当你从他人口中听到与自己一样的想法，了解到别人也有同样的感情或有与你同样的问题时，你马上就与他有亲近感——比如你听到对方说："我是世界上最幸运的。"这正是你自己常说的话，这时你对他的亲近感就产生了。这些见识也帮助你在个人和事业上更好地成长和改进。

第四，建立信任。人们跟随和支持他们所信任的人，而一个表现出有人性的、可亲近的、不在意人家知道自己短处的人，会为大家更信赖。

你的下属，同事和上司不会因为你的角色、地位和头衔而信任你，但却会因你让他们看到真实的你和你对他们的兴趣而逐步信任你。

第五，你的伙伴会更积极热情和奋发有为。良好的人际关系激发人们的进取心，使他们更感到其他人的关心和倾听他们的疾苦。

另外，有个人情谊的公务交往能使人们感到自己被肯定。在三角债严重时期，有个公司欠一家工厂的一大批资金迟迟不还，工厂几次派人交涉都无结果，后来使出"杀手锏"——把老于世故的人事科长李某用上。

李某先不着急立即去找欠债公司的经理唐某，而是打算先与对方建立私交。于是他多方了解唐某的年龄、性格等等，得知唐某并非还不了钱，而是希望拖延一天是一天，不想那么快还钱；唐某的儿子刚考上重点大学；唐某爱好广泛，特别喜欢书法，而且造诣颇深，在唐某家里还挂着他自己写的一些字画。李某得知这些情况后，对催债成竹在胸，已有了全盘统筹的规划。

李某打电话与唐某约定某日晚上将登门拜访。李某如期赴约，来到唐家就问寒问暖，极其热情，似乎久别重逢，他乡遇故知。落座后，李某只字不提债务，反而和唐某聊起了家常，问及家中儿女几个？现在境况如何？唐某一一予以回答，当说到儿子刚考上某重点大学时，唐某脸上泛起了层层美意。这怎能逃过李某锐利的眼睛。李某说自己也有一个儿子，快高三了，可惜不成器，学习不好，言语间流露出对唐某有如此上进的儿子的羡慕之情，并虚心向唐某讨教教育子女的方法。唐某对此深有感触，侃侃而谈，极尽父母对儿子的拳拳教诲之心和望子成龙的期盼。李某不时对唐某的某些观点表示赞同，大发感慨。李某似乎不经意地抬了一下头，盯着墙上的书法，口中赞叹了几声，然后转过头来问唐某，这是谁的墨宝？唐某连说："过奖过奖"，这是他自己的作品。李某又夸了几句，便说自己也酷爱书法，想请唐某指点一二。唐某看来了同行就更来劲了。两人愈谈愈投机，感情升温。在适当的时候，李某委婉地说厂里目前十分困难，请唐某考虑一下债务问题，唐某欣然同意。

第二天，李某得胜回朝，追回了巨额的欠款。李某把对方当成自己的朋友，在广泛而亲切的交谈中，很自然地得到了对方的支持，达到了自己的目的，在今后的工作中，说不定还多了一个可以信赖和依靠的好朋友呢。

不管你是怎样的一个大人物，当受到个人礼遇时，内心的感动也是巨大的。

建立起个人之间的关系也减少了紧张，使你看起来不可怕，并创造出一种轻松的、亲切的工作环境，打破互相间开始时不舒服的僵局。

刚刚调换到新部门供职的年轻人格林很希望一开始就同他的新上司搞好私交，于是频频拜访之。不料新上司由于同年轻人的旧上司关系不好，由此"厌乌及屋"，每次都借故避而不见或只是打哈哈，不肯放松谈话的语气。有一次年轻人注意到上司在衣架上的明尼苏达垒球队的帽子和办公室周围摆设的这个球队的衣服和用品，他便决定冒险一试。"我必须给你看一样东西，你会认为值得的。"他对上司说，并站起来，伸手抓住短裤的弹性腰带，并解释这是太太送的礼物，他把它拉出来足以让上司看到那上面印着的明尼苏达垒球队的商标。两人大笑起来，于是开始轻松地谈垒球，并使谈话变得相当愉快和融洽，且有收获，年轻人也得到了好处。

的确，当你试图与上司或同事建立朋友关系之前是需要冒险的。虽然你不必像那位年轻人那样大胆地去获得私人关系的回报，但你仍要冒一下风险并要有勇气和热情去获得这种关系，你如果不这样做，或落后于别人一步，将会造成对方对你的不信任、冷淡和不满——这无疑不利于你晋升和保持职位、获得发展。

在距离中方能存在朋友之美

都说"距离产生美"，交朋友也是如此。每天形影不离的人不一定是最亲密的朋友，甚至可能会在朝夕相处中磨灭彼此的新奇感，最终变得麻木不仁。如果能够在交往中保持适当的距离，则更容易贴近彼此的心灵，产生友情的共鸣。

朋友之间相互的吸引力不管有多大，他们毕竟是两个不同的个体，彼此所处的环境不同，所受的教育不同，他们的人生观、价值观也必然存在着一定程度的不同。正如一对处于"蜜月期"的新婚男女一样，当两个人的距离逐步缩减为零时，彼此的差异和缺点也就越来越明显地凸现出来。于是，求同的动力变小，从尊重对方到容忍对方再到挑剔对方，难免会在相互的碰撞中伤及情感。朋友之间也只有适度地保持距离，才能够增进双方的感情。

人与人之间的差异是必然存在的，交往的次数愈是频繁，这种差异就愈是明显，经常形影不离会使这种差异在友谊上起到不应有的作用。

天荣早就知道好友志冬有大手大脚、不拘小节的毛病，天荣一直认为这是男子汉粗犷豪放的体现，甚至因此埋怨自己什么事都算计，节俭得有点对自己苛刻。

因为照顾得病的父亲，天荣通过志冬调到了他们的单位，两个好朋友一下子形影不离了，聊天、游泳、喝酒，出则成双，入则成对，志冬也经常帮助天荣照顾父亲。

不久，天荣厌倦了这种生活，并开始讨厌志冬粗犷豪放的性格。每次吃饭，志冬都会要上满满的一桌菜，有时吃完饭，一抹嘴起身便走，留下天荣"买单"。一向节俭的天荣劝了志冬多少次，志冬也不听。有一次，上述的情况再一次出现了，天荣非常恼火，付完钱告诉志冬，我有父亲需要照顾，以后吃饭不要叫我了。志冬吃了一惊，也非常生气，都多年的老朋友了，这算什么呢？何必当真。

不该发生的事在一对令人羡慕的朋友之间出现了，真让人感到遗憾。

交友不要过往甚密，因为，它一则会影响着双方的工作、学习和家庭，再则会影响感情的持久。交友应重在以心相交，来往有节，保持一定距离。

小雷与吴瑞是同一宿舍的好友，他们是因为住在一起才成为朋友的，他们戏称宿舍是他们的家庭，所有的东西都没有"标签"，甚至工资也混同一处，两人为这种关系而骄傲，别人的眼里流露的也是羡慕的目光。

不久，吴瑞有了女友，经常出去逛逛商场，吃顿饭，于是两人的经济出现了危机。起初，吴瑞觉得没什么，小雷也不在乎，后来吴瑞提出实行 AA 制，小雷考虑再三同意了。但后来，还是因为不习惯而放弃了。

事有碰巧，一天小雷的母亲病了，当小雷回宿舍取钱时，面对的却是空空的抽屉，小雷不由得问吴瑞，"钱哪去了，刚发工资仅三天。"吴瑞说："为女友买了条项链。"小雷无言地离开了。他在别人那里借了钱为母亲看了病。两人的友谊出现了裂痕。有一天，两人提及此事，大吵了一架，不得已分手了。

交往过密不留距离，还表现在另一个很重要的方面，占用朋友的时间过长，把朋友捆得紧紧的，使朋友心里不能轻松、愉快。

林颖把王怡看成比一日三餐还重要的朋友，两人同在一个合资公司做公关小姐，公司的工作纪律非常严格，交谈机会很少。但她们总能找到空闲时间聊上几句。

下班回到家，林颖的第一个任务就是给王怡打电话，一聊起来能达到饭不吃、觉不睡的地步，两家的父母都表示反对。

星期天，林颖总有理由把王怡叫出来，陪她去买菜、购物、逛公园。王怡每次也能勉强同意。林颖每次都兴高采烈，不玩一整天是不回家的。

王怡是个有心计的姑娘，她想在事业上有所发展，就偷偷地利用业余时间学习电脑。星期天，王怡背起书包刚要出门，林颖打来电话要她陪自己去裁缝那里做衣服，王怡解释了大半天，林颖才同意王怡去上电脑班。可是王怡赶到培训班，已迟到了 15 分钟，心里好大的不痛快。

第二个星期天，林颖说有人给她介绍了个男朋友，非逼着王怡一起去相看相看，王怡说："不行，我得去学习。"林颖怕王怡偷偷溜走，一大早就赶到王怡家死缠活磨，王怡没有上成电脑班。最终王怡郑重声明，以后星期天要学习，不再参加林颖的各种活动。

林颖一如既往，满不在乎，她认为好朋友就应该天天在一起。有时星期天照样来找王怡，王怡为此躲到亲戚家去住。这下林颖可不高兴了，她认为王怡是有意疏远她。林颖说："我很伤心，她是我生活中最重要的人，可她一点也觉察不到。"

林颖的错误在于，首先是她没有觉察到朋友的感觉和想法，过密而没有距离的交往几乎剥夺了王怡的自由，使王怡的心情烦躁，更不能合理地安排自己的生活。

之后，林颖开始与王怡聚会少了，可是她惊奇地发现，她们的友谊反而更加深厚了。

所以维持你们亲密关系的最好办法是保持一定的距离，往来有节，互不干涉。

交朋友也要掌握火候

和好朋友相处要保持适度的距离；和普通朋友相交往更要把握其中的尺度。当对方突如其来地对你表示友爱之情的时候，你要冷静观察，在距离中争取主动，以免被他骤然升温的友情所烫伤。

真正的朋友要经过一定时间的了解和共事才能建立彼此的友情，同时也能经得起事件和距离的考验。

　　如果你和某人只是普通朋友，虽然一起吃过饭，但还谈不上交情；如果你和某人曾是好友，但已有好长一段时间没有联系，似乎感情已经淡漠了。但是有一日，他们却对你异常热情友好，甚至苦心运用一些办法与你亲密，在这种情况下，你应该有所警觉，因为他们可能对你有所企图！

　　当然我们这里只能说是"可能"，以避免以小人之心度君子之腹，误解对方的好意。也许有人当时真的是对你满腔热情与诚意，丝毫没有任何企图。人是一种感情动物，他们有可能因为你的言行而突然对你产生一种无法抑制的好感，就像男女间互相吸引那样，这种情形也不能排除。不过这种情形不会太多，而且你也要尽量避免出现这种情况，碰到突然升温的友情，宁可冷静待之，保持距离，使之冷却，这样就不会被烫伤！

　　在如今的商业社会中，朋友之间的友情大多建立在一种共同的利益之上。你帮了别人很大的忙，因此他对你十分感激，慢慢地，你们之间也交上了朋友，相互帮忙。因此，当你在生意场上突然有人对你产生友情，你一定要先降降温，冷静视之。

　　要分清这种友情是否别有企图，并不是一件很难的事。首先你可以看看自己目前的状况，你是否正把握着一定的资源，如权势、地位等。如果是，那么这个人有可能是冲着这些而来，想通过你得到一些好处；如果你无权无势，但是有钱，那么这个人也有可能是来向你借钱的，甚至骗钱！如果你无权无势又无钱，根本没什么东西值得让别人相求的，那么这突然升温的友情基本上没有危险——但也有可能"项庄舞剑，意在沛公"，他想利用你这个人来帮他做些事，或是想通过你的亲戚、朋友、家人等来替他办事。

当你从自身的状况检查出这种突然升温的友情有无危险之后，你的态度仍要有所保留，因为这只能是你的一种主观认定，并不一定正确，所以你还要采取一些措施，例如：

不推不迎——"不推"是指不要回绝对方的"好意"，即使你已经看出对方的企图，也不要立即回绝，或者当场揭穿，否则你有可能当即得罪他人；但也不能迫不及待地迎上去，因为这会让你无法脱身，脱了身又会得罪对方。这就好像男女谈恋爱，如果你回应得太热烈，有时会让自己迷失方向，如果发现对方不中意时，你突然斩断"情丝"，这一定会惹恼对方！

冷眼相观——"冷眼"是指不动情，因为一动情就会影响你的判断，不如冷静地观看他到底想玩什么把戏，并且做好防御的准备，避免出现问题时措手不及。一般来说，对方若对你有所图，就会在一段时间之后露出真面目。

礼尚往来——这是人际交往的一个基本原则，对这种友情，你要"投之以桃，报之以李"。他请你吃饭，你送他礼物；他帮你忙，你也要有所回报。否则他若真对你有所图，你会"吃人嘴软，拿人手短"，被他狠狠地套牢。临事脱逃，恐怕没那么容易！

与你的朋友保持适度的距离，从而保证自己拥有一个清醒的头脑，在自主独立的状态下与人相交往，去伪存真，找到自己真正的朋友。

给朋友"建档""分类"

有些人平时很喜欢结交朋友，可是到了真正需要朋友帮忙的时候却手忙脚乱，不知道究竟谁能靠得上。出现类似的情况，原因当然不在于你的朋友，而是在于你没有整理好每位朋友的资料，不能让他们的优势得到有效的发挥，交了朋友也等于没有朋友。只有建立一个朋友档案，为自己的朋友分好"类"，关键时刻你才能及时地得到他们的帮助。

首先，你可以把上学时的同学的资料整理出来，做一个记录。毕业几年甚至几十年后，你会有很多同学分散在各种不同的行业，有的已经干出点名堂，当你需要帮忙时，凭着你们原来的同窗关系，他们一定会帮你忙的。这种同学关系还可从大学向下延伸到高中、初中、小学，如能充分运用这种关系，这将是你一笔相当大的资源和财富。当然，要建立起这些同学关系，你平时得经常与同学保持联系，并且随时注意他们的动态。

其次，建立你身边的朋友的资料，对他们的专长做个详细记录，如住所、电话、工作等。工作变动时，也要在你的资料上随时修正，以免需要时找不到人。

同学和朋友的资料是最不能疏忽的，你还可以在档案中记下他们的生日，并在有些人的生日时寄上一张贺卡，或请吃个便饭，这样你们的关系一定会突飞猛进。平时注意保持这种关系，到你有事相求时，他们一定会尽力相助，万一他们自己做不到，也可能动用自己的关系网为你帮忙。

另外还有一种"朋友"也不能忽略，那就是在应酬场合中认识的，你们只交换过名片，更谈不上交情。这种"朋友"面很广，各行业各阶层都有，你不应把这些名片丢掉，应该在名片上尽量记下这个人的特征，以备再见面时能"一眼认出"。最重要的是，名片带回家后，要依姓氏或专长、行业分类保存下来。你不必刻意地去结交他们，但可以找个理由在电话里向他们请教一两个专业问题，话里自然要提一下你们碰面的场合，或你们共同的朋友，以唤起他对你的印象。有过一两次"请教"之后，他对你的印象也会加深。当然，这种"朋友"不一定能帮你什么大忙，因为你们没有进一步地交往，但帮点小忙也许对他们来说是举手之劳。再说，你也不可能天天有很多要事去求人帮忙，很多情况下就是点小事。

然后，再根据你每位朋友的性格、特点以及与你交往的深度等，划分出朋友的类别。比如说"刎颈之交的朋友"、"推心置腹的朋友"、"可商大事的朋友"、"酒肉朋友"、"保持距离的朋友"和"点头哈哈的朋友"。

这样界定朋友的类别并不是"戴着有色眼镜看人"，而是便于你更方便地与各种朋友相沟通，求人办事的时候，也更容易掌握其中的尺度，提高做事的效率。

给朋友分类，看起来似乎很容易，而事实上却需要你更进一步地分析，深入了解身边的每一个朋友。人人都有主观的好恶，但面对复杂的人性，你必须以一种客观的方式对待朋友，对于不同的朋友要用不同的处世方式和做事原则。这样，不但让你的朋友"各得其所"，看到他们在你心目中的位置，也让你更加游刃有余地穿梭于各位朋友之间，而不至于被友情所禁锢，搞得自己焦头烂额。

总之，以一种适当的方式建立你的朋友档案，无论是使用名片簿，笔记簿还是手机或电脑，你都要对自己的朋友做到"心中有数"，从而遇事不慌，真正发挥他们的靠山作用。

利用各种方式和途径扩大你的交际圈

"多个朋友多条路"。拓展自己的人际关系，立足于社会，还要尽可能地多交几个朋友。朋友多了，视野才更开阔，生活才更充实，自己的帮手和靠山才会越来越多。

如果问："你有多少朋友？"一定有很多人答不上来，即使能够回答得出来，大致也都是学生时代的同学或办公室里合得来的同事，所想得出来的不过几个人而已。这些人虽然也可直接结为朋友，但是严格讲起来，朋友的关系范围应更广，基础更深才行。

交友是每个人所必需的，并不是大人物的专利品。如果渴望广结人缘，在你的周围，就有不少人选，待你去发现。比如你的长辈、兄弟，他们的工作内容可能和你毫不相关，但是他们都交有一些朋友，这样一来，长辈和兄弟也可以作为你广结人缘的对象，再进一步地说，如果以长辈和兄弟为媒介，能够找到更多的朋友。再看看你父亲的那一边吧！假如父亲的兄弟还健在的话，以年龄来看也许已经达到相当的地位了；

同样地，你母亲这边也应检查一下；同辈的堂表兄弟们，也可以作为广泛交友的来源。此外，连你的姻亲，都是广结人缘的对象。像这样仅仅靠着血缘的关系，就可以使你的交友范围逐渐地扩大起来。

英年早逝的著名诗人徐志摩，就很善于利用血缘关系来寻找自己的师友做靠山。

徐志摩刚刚 7 岁的时候，就已非常聪明，且对语言及文学表现出浓厚的兴趣，但直到 15 岁时，他还觉得自己在这方面的学习长进不大，迫切需要一位精于此道的老师来指点。

他听说梁启超是良师，但梁启超是大名鼎鼎的人物，想拜他为师可不容易。于是，他就前往表舅家请表舅从中为其引见，因为徐志摩的表舅与梁启超相交颇深。

在与表舅的一席交谈中，徐志摩充分表达了自己的迫切愿望，他那对长辈的谦恭之情，深深打动了表舅，使表舅觉得此子是可造之才。于是，他亲自带徐志摩去梁启超家，让其拜在梁启超的门下。从此，在老师的辅导加上自身的努力下，徐志摩在诗歌上的造诣突飞猛进。最后，终于成了一个伟大的诗人。试想，如果徐志摩不是运用了亲戚这个特殊的朋友关系，又怎么能够拜师学习并成为一名伟大的诗人呢？

其次，要把目标转移到你的家乡，一些父老兄弟由于同乡的关系，能够顺利地结成朋友；然后在你现在的住所附近，看看有没有能成为朋友的人物。

香港的王先生凭着智慧与汗水创办了一个大型集团公司，经过几十年的奋斗与拼搏，现已成为香港同行业中执牛耳者。王先生虽已成家立业，但时时刻刻都在想着家乡，想着家乡的人民，现在年龄也大了，很有一种叶落归根的想法，但苦于工作太忙，无法回去。

这时，王先生的家乡为了修筑一座大桥，需要一笔不小的资金，当地政府千方百计筹措，才筹到了总数的三分之一，于是就派出陈某去找王先生，希望能得到援助。

陈某是政府对外联络办的，为人聪明，善于交际，且很有办法。他看了王先生的详细资料后，就判断王先生这时也很有回家乡投资的意向。因此，在没有任何人员的陪同，也没有准备任何礼品的情况下，陈某独自一人前往香港，并且打包票定会筹到款项。

当王先生听到家乡来人时，他在欣喜之余也感到有些惊讶。因为久不闻家乡的讯息，突然有人来了，该不会是招摇撞骗的吧！王先生心里不由得阵阵疑心，但出于礼节，他还是同陈某见了面。

陈某一见王先生这种态度，知道他还未完全相信自己。于是他挑起了家乡的话题，只讲家乡新中国成立前及现在的风貌变化。他那生动的语言，特别是那浓浓的爱乡之情溢于言表，令王先生深受感动，也将他带回了童年及少年时期，想起了那时的家乡、那里的爷爷奶奶还有邻里亲戚……显然，王先生记忆深处中的那块思乡领地已被陈某揭开了盖头，蕴藏在心中的那份几十年的感情全部流露了出来，欲罢不能。

就这样，经过3个小时的"聊天"，陈某对捐款一事只字未提，只是与王先生回忆了家乡的变迁，犹如放电影一般。最后，王先生不但主动提出要为家乡捐款一事，还答应了与家乡合资办厂的要求，并与陈某成为"忘年交"。陈某巧妙利用"老乡"关系，成功地达到了求人办事的目的，更给自己增加了一位可以信赖的朋友和靠山。

然后，还可以考虑一下你的同学。每每提起同学，都会勾起很多甜美的回忆。无论是同班同学，还是你的校友，或者是曾经和你在同一个球队里打球的队友，谈起从前的日子，都会倍感亲切，难道还不会成为朋友吗？经常参加一些同学聚会，你能够找到十年、二十年未曾相见的朋友。

另外，许多曾经与你共事的人都可以成为你结交的对象。比如和你一起参加研究会的朋友；你的同事以及公司内所有的接待过的人士；甚至还有离开你们公司的旧同事，他们都有可能成为你的朋友。

结交朋友的方式和途径其实有很多，关键在于你如何去把握。只要你有心广结人缘，机会多的是，像共同兴趣的集会或者社团，还有各种活动中心，都是你交友的场所；甚至连餐馆和咖啡厅里都能交到朋友。

总的说来，要扩大你的交友圈，随时随地结交新的朋友，你的友谊之树才能根深叶茂，无论走到哪里都会拥有无数的朋友和靠山。

和朋友保持经常的联系

要经常和你的朋友保持联系，尤其是那些对你的事业有所帮助的朋友，更要与之保持直接而亲密的联系。如果有时间，可以一起下下棋，聊聊天，或者吃顿饭，都能够增进你们之间的友情。

事业的发展和成功，要受"天时、地利、人和"等许多客观因素的制约，不是可以完全靠一人之力而取得胜利的。你不能够独自控制你在事业上发生的一切，但是你可以借助朋友的力量，设法影响自己事业的发展，促进它的进步与成功。而这一切，关键在于你要和有助于事业的朋友保持经常的联系。

在事业的发展方面，你必须维持现有的状况，同时努力去改进情势，才能推动事业的进步。你需要有人不断帮助你保持现在的良好状况而不失去现有的力量和优势；你还需要有人帮助你进一步发展自己的事业。

目前有能力帮助你的朋友，不管看起来如何长久，却不能期望长久保持。只有极少数的重要朋友，可以长久保持。你今天依赖的人，也许明天就不存在了。也许是他们的情况变化了；也许是你的情况变化了；也许是你们彼此间的关系改变了。

衡量一种关系的好坏，其方法之一，就是看维持这种关系需要多少妥协。凡属人际关系的维持，都不免需要几分妥协。其中需要最少妥协的关系，就是最好的关系。你得盘算一下，为了保持和某一重要朋友的联系，你愿付出多大的代价。如果需要太多的妥协，或太大的代价，那还不如另觅他途！

因此，只有直接地、亲自地、持续地与你的朋友相联系，你才能够源源不断地从他那里得到帮助。在事业上，有些事情你可以授权他人，但有些事你就不能授权。与你的重要朋友保持联系，正是你不能授权他人的一项。

亲自的联系就是指手跟手接触，眼对眼的接触。只要是适当，即使亲密无间亦无不可。写信固然不错，打电话也未尝不可，但面对面则更佳。

持续的联系就是指稳定的、持久的、不终止的接触。从而让你们的交情不断升温。

如果只是一曝十寒、偶尔为之的接触和联系，则难以维持你们之间的关系，不但浪费了你的金钱，更会浪费你的时间和精力。不要以为一点燃了火种，就可以不必添柴而能使它永不熄灭，朋友的交往同样需要不断去滋养，才能开花结果，让你可以长久地依靠。

第六章
借力也要掌握一定的技巧

　　与单打独斗相对应，借力也就是争取他人的合作和帮助。但是这里不能庸俗化地理解借力之道，认为借力就是钻营，就是投机取巧。其实，我们看任何一位英雄或伟人之所以能取得惊人的业绩，大多因为善于集他人、众人之智力为己用。在当今这个高度专业化的社会，借力更是成事的必由之路。但是也不能简单化地理解借力，它需要敏锐的眼光、果决的气魄和灵活的手段，总之，不掌握好借力的技巧是无法借到自己想借之力的。

以己之长借人之长

　　有了借力的思路，还要有借力的技巧。技巧之一是找到双方的互补点。盲人之所以会背跛者，是因为自己有两条会走路的腿，而对方有一双会看路的眼睛。

柳传志和他的"联想"在发展过程中依靠盲人背跛者的借力战术，曾经跨过了两道至关重要的坎儿，也是在跨过了这两道坎儿之后，"联想"才有了突飞猛进的发展。

第一次是利用自己熟悉国内市场的优势做外国品牌的代理，从而通过借用别人的品牌优势拓展自己的销售渠道，增强了企业实力。

1987 年，中国电脑市场只有为数不多的四五种美国品牌电脑以及技术性能相对落后的国产电脑。已经解决西文汉化问题而获得巨大发展的联想集团此时面临着三种选择。一是继续进行单一的联想汉卡的推广销售。这显然是一种不思进取的选择，因为汉卡市场毕竟有限。二是以汉卡为龙头，研制开发自己的电脑，以汉卡带动电脑销售。这在当时看虽然是有利可图的选择，但面临着几个问题：企业实力不够，开发电脑整机需要的资金投入公司当时难以承担；对世界电脑技术的发展不熟悉，即便生产出自己的电脑，从长远来看可能会因为先天不足而没有大的发展前途；由于"联想"是一家计划外企业，当时的国家政策也难以支持它生产电脑。三是结合中国国情，选择一种质量、性能、价格比较合适的外国电脑，以汉卡带动电脑销售并使之成为大陆的主导型电脑。这样做的好处在于：第一，投资少，利于积累资金；第二，便于了解世界电脑的先进技术，积累市场经验；第三，便于建立自己的全国销售网络。最终柳传志选择了第三种方式，并与美国 AST 公司形成战略伙伴关系。

按柳传志的计划，第一步，通过代理将世界真正优秀的产品引进来；第二步，在适当时候把生产线引进来，实现生产环节本地化；第三步，进一步实现技术转移，大大缩短与代理产品的技术差距，实现相关技术的本地化。最后的事实是代理业务不但发展了联想自己，也为中国的整个计算机产业作出了贡献。在联想和我国其他计算机企业一道奋起直追下，我国计算机应用水平真正实现了与世界同步；并同时促进了我国代理行业的发展。联想是最早将代理制引入中国的企业之一，也是最早通过签订代理协议规范代理商行为的企业。

对"联想"来说，代理业务在其发展史上功不可没。可以说，没有代理业务，就没有今天的联想电脑和联想激光打印机，就没有出色的"联想"管理经验和成功的渠道管理。

最重要的是，代理让柳传志和"联想"学到了先进的管理经验并培养了人才。

另一次是"联想"在香港的发展。

1988年，整个中国都处在高速发展的氛围中，国内经济环境既繁荣又混乱，许多客观情况都限制着民营科技企业向产业化发展。

柳传志已经学会了做贸易，打通了渠道。但他并没有满足，他在做了细致的国内外市场调查之后，毅然制定了进军海外，以国际化带动产业化的发展战略。他要自己进行生产。"因为我们是计算所的人，总觉得自己有这个能力做。但当时是计划经济，联想很小，国家不可能给我们生产批文，我们怎么说都没有用，因为潜在的能力没有人相信。我们决定到海外试试，海外没有计划管着你。就这样，我们把外向型和产业化并作一步跨了。"

1988年，柳传志一行几人来到香港，手里只攥了30万港币。因此到香港后也只能和在国内一样，先从做贸易开始。通过贸易积累资金，了解海外市场。

当时，"联想"进军海外市场的条件并不完全成熟，他们虽然有技术和国内大本营作后盾，但是他们对国际计算机市场却一无所知，就好比一个身强力壮的"盲人"。与联想合资的香港导远电脑公司的几位年轻港商毕业于英国伦敦帝国大学理工学院，资金与科技实力不够，但对国际市场的竞争规则一清二楚，就好比一个心明眼亮的"跛者"。

让这两个不完美的"残疾人"完美地结合起来，让"盲人"为"跛者"做腿，让他们站立然后跑；让"盲人"为"跛者"做眼，看清世界，找到方向。"扬长避短，趋利避害"，以不完美的个体做完美的"组合"，这就是柳传志和"联想"的"盲人背跛者"策略。

柳传志在回忆当时的情形时说："1988年我们带了30万港币到香港，同当地两家公司合作，总投资90万港币，办了一家香港联想电脑公司。那时在香港开公司成立大会，也就是4月1日，我在记者会上讲，我们计划一年要完成营业额1亿港币。记者就问我们有多少本钱。我说有90万的股本，当时没说利润，结果所有记者脸上的表情都很明显，似笑非笑，绝对不以为然，觉得又是大陆来的人说大话。时隔一年以后，我们的营业额达到了1.2亿元港币。事实证明，我们不是说大话。"

对于钱具体怎么赚的，柳传志说这不是秘密，很简单。当时他们三家公司分别是中国科学院计算所、中国技术转让公司、香港导远公司。一家在国内有技术，另一家公司有可以做资金担保的雄厚背景，香港公司掌握了海外销售渠道。当时他们主要销售一家美国公司AST刚刚引进中国的机器。当时计算机与今天不同，今天的计算机因为竞争激烈已经成了新鲜水果，像荔枝一样不能搁，一搁就贬值，那时却都是干果，搁些时间也没问题。如果他们每月可以卖 200 台，他们就需订 400 台。因为北京联想还可以销 200 台。万一香港的 200 台谁都没卖出去，顶多下个月北京公司再接着卖。这样，多进货价格就大大不同，价格能差 40％。后来他们做到每个月销售 2 千多台。那一年他们卖了 2 万多台，进价又比别家低得多，便有了很大利润！所以第一年他们愣是做了 1.2 亿元港币的营业额，净赚了 1000 多万。

当时，大陆不少公司也与香港有着合作关系，但多不愉快。联想的成功无疑证明了策略的正确。这一开头的喜人成绩不但给联想的海外发展增添了信心，也在内、港的合作方面做出了很好的表率。

能借势才算找到了最强大的合作者

做事不能单打独斗这没错，借用别人的力量也要会借，最简单的一个道理就是到什么山头烧什么香，要争取借到势，才算找到最强大的合作者，也算找到在这个山头来去自如的通行证。

要把生意做大，"势"是不能不借的。新到一地，你要借用人家的"地势"，涉足一个新的行业，要借用行业老大的优势。这里我们仍然不能不提到胡雪岩，因为他实在是个善于借势的高手。

在商言商，胡雪岩借得最多的是商势，即商场上的势力。

胡雪岩借商场势力的典型一例是在上海，他垄断上海滩的生丝生意，与洋人抗衡，从而以垄断的绝对优势取得在商业上的主动地位。

起初，胡雪岩尚未投入做茧丝生意，就有了与洋人抗衡的准备。

按他的话说就是，做生意就怕心不齐。跟洋鬼子做生意，也要像收茧一样，就是这个价钱，愿意就愿意，不愿意就拉倒，这么一来，洋鬼子非服帖不可。

而且办法也有了，就是想办法把洋庄都抓在手里，联络同行，让他们跟着自己走。

至于想脱货求现的，有两个办法。第一，你要卖给洋鬼子，不如卖给我。第二，你如果不肯卖给我，也不要卖给洋鬼子。要用多少款子，拿货色来抵押，包他将来能赚得比现在多。

凡事就是开头难，有人领头，大家就跟着来了。

具体的做法因时而转变。

第一批丝运往上海时，适逢小刀会起事，胡雪岩通过官场渠道了解到，两江督抚上书朝廷，因洋人帮助小刀会，建议对洋人实行贸易封锁，教训洋人。

只要官府出面封锁，上海的丝就可能抢手，所以这时候只需按兵不动，待时机成熟再行脱手，自然可以卖上好价钱。

要想做到这一点，就必须能控制上海丝生意的绝对多数。

和庞二的联手促成了在丝生意上获得的优势。

庞二是南浔丝行世家，控制着上海丝生意的一半。胡雪岩派玩技甚精的刘不才专和庞二联络感情。

起初，庞二有些犹豫。因为他觉得胡雪岩中途暴发，根底未必雄厚。随后，胡雪岩在几件事的处理上都显示出了能急朋友所急的义气，而且在利益问题上态度很坚决，显然不是为了几个小钱而奔波。在丝生意上联手，主要是为了团结自己人，一致对外，有生意大家做，有利益大家分，不能自己人互相拆台，好处给了洋人。

庞二也是很有担当的人，认准了你是朋友，就完全信任你。所以他委托胡雪岩全权处理他自己囤在上海的丝。

胡雪岩赢得了丝业里 70% 强的生意，又得庞二的倾力相助，做成了商业上的绝对优势，加上官场消息灵通，第一场丝茧战胜利了。

接下来，胡雪岩手上掌握的资金已从几十万到了几百万，开始为官府采办军粮、军火。

西方先进的丝织机已经开始进入中国，洋人也开始在上海等地开设丝织厂。

胡雪岩为了中小蚕农的利益，利用手中资金优势，大量收购茧丝囤积。

洋人搬动总税务司赫德前来游说，希望胡雪岩与他们合作，利益均分。

胡雪岩审时度势，认为禁止丝茧运到上海，这件事不会太长久的，搞下去会两败俱伤，洋人自然受窘，上海的市面也要萧条。所以，自己这方面应该从中转圜，把彼此不睦的原因拿掉，叫官场相信洋人，洋人相信官场，这样子才能把上海弄热闹起来。

但是得有条件，首先在价格上需要与中国方面的丝业同行商量，经允许方得出售，其次，洋人须答应暂不在华开设机器厂。

和中国丝业同行商量，其实就是胡雪岩和他自己商量。因为胡雪岩做势既成，在商场上就有了绝对发言权。有了发言权，就不难实现他因势取利的目的。

可以说，在第二阶段，胡雪岩所希望的商场势力已经完全形成。这种局面的形成，和他在官场的势力配合甚紧，因为加征蚕捐，禁止洋商自由收购等，都需要官面上配合。江湖势力方面，像郁四等人，本身的势力都集中在丝蚕生产区，银钱的调度，收购垄断的形成，诸事顺遂。因为他们不只行商，而且有庞大的帮会组织作后盾，虽无欺诈行为，但威慑力量隐然存在，不能不服。

胡雪岩借助的另一股"势"是"江湖势力"。

胡雪岩借取江湖势力是从结交尤五开始的。

王有龄初到海运局，便遇到了漕粮北运的任务。粮运涉及地方官的声望，所以督抚黄宗汉催逼甚紧，前一年为此还逼死了藩司曹寿。

按照胡雪岩的主意，这个任务说紧也很紧，说不紧也不紧。办法是有的，只需换一换脑筋，不要死盯着漕船催他们运粮，这样做出力不讨好，改换一下办法，采取"民折官办"，带钱直接去上海买粮交差，反正催的是粮，只要目的达到就可以了。

通过关系，他找到了松江漕帮管事的曹运袁，漕帮势力大不如前了，但是地方运输安全诸方面，还非得漕帮帮忙不可。这是一股闲置的、有待利用的势力。运用得好，自己生意做得顺遂，处处受人抬举；忽视了这股势力，一不小心就会受阻。

而且各省漕帮互相通气，有了漕帮里的关系，对王有龄海运局完成各项差使也不无裨益。一旦有个风吹草动，王有龄也不至于受捉弄，损害名声。

所以和尤五打交道，不但处处留心照顾到松江漕帮的利益，而且尽己所能放交情给尤五。加上胡雪岩一向做事一板一眼，说话分寸特别留意，给尤五的印象是，此人值得信任。

后来表明，尤五这股江湖势力给胡雪岩提供了很大方便。胡雪岩在王有龄在任时做了多批军火生意。如果没有尤五提供的各种方便和保护，就根本无法做成。

胡雪岩很注意培植漕帮势力。和他们共同做生意，给他们提供固定的运送官粮物资的机会，组织船队等，只要有利益，就不会忘掉漕帮。胡雪岩有一个固定不变的宗旨就是："花花轿儿人抬人。"我尊崇你，你自然也抬举我。借人之力，借人之势当然也要能把一己之力之势借与别人。

即使大不如前，江湖势力也还一直以各种形式重新组合，发挥着自己的作用。比如国民党时期上海的青帮，蒋介石还曾投帖门下，借重他们以求在上海滩立足。

所以，在胡雪岩生活的时代，江湖势力仍是影响社会生活的一支重要力量。胡雪岩把这支力量组织起来，有效地为自己所借用。

胡雪岩总能善于应对，认得准方向，把握得准秩序。他对洋场势力的借取，也正是得益于他的这种宏观把握的能力。

在胡雪岩首次做丝茧生意时，就遇到了和洋人打交道的事情。并且遇见了洋买办古应春，二人一见如故，相约要用好洋场势力，做出一番市面来。

胡雪岩在洋场势力的确定，是他主管了上海采运局。

上海采运局可管的事体甚多。牵涉和洋人打交道的，第一是筹借洋款，前后合计在1600万两以上，第二是购买轮船机器，用于福州船政局，第三是购买各色最新的西式枪支弹药和炮械。

综合胡雪岩经商生涯看，其突出特点就在他的"借势取势"理论。官场势力、商场势力、洋场势力和江湖势力他都要，他知道势和利是不分家的。有势就有利，因为势之所至，人们才马首是瞻，这就没有不获利的道理。

借用他人力量要及时抓住时机

做生意是一种高智商的活动。发财的路子千千万，靠一连串令人头晕目眩的借术生财还真不多见，因为这是普通的智慧做不到的事情。

东汉桓帝时，"十常侍"之一的宦官张让因帮助桓帝夺权有功，被封为侯爵。此人把持朝政，一手遮天，提拔升迁都是他一个人说了算。因此，巴结他的人挤破了门槛，那些想拿钱买官的人都千方百计接近他，讨好他，以求高升。

这时，有位名叫孟佗的富商贩运货物来到京城，了解到这一情况后，心里有了一个生财之道。他先各方打听情况，知道张让因在宫中侍候皇上，所以家中有一管家主持日常事务，有人求见张让，都是由他事先安排。孟佗便在这位管家身上做起了文章，打听好他天天去哪家酒馆，便早早在那里等着，伺机接近。真是无巧不成书，有一天这位管家吃完了酒，却忘了带银子。酒家因是熟人，说没关系，可管家总觉得没面子。

这时，孟佗赶忙上前，代管家付了账。管家心中感激，二人开始攀谈起来，商人的油嘴和头脑谁比得上？不长时间就把管家给"搞定"了，俩人成了无话不谈的知己。

初战顺利，孟佗加紧使劲儿，在这位管家身上花了不少银子，最后竟然使得这位惯于"吃黑"的老手也有点过意不去，便主动问孟佗有什么要求。孟佗见问，心中大喜，但仍然不露声色，忙说没有什么要求，只是交个朋友。最后管家一再说要帮忙，孟佗便说："别无所求，若您不为难的话，只希望能够当众对我一拜。"管家本就是奴才，拜人拜惯了，这有何难，当即满口答应。

第二天，孟佗来到张让府前，那些盼望升迁的人早已挤满了胡同，等候管家开门安排。日头老高了，管家才在小奴才的陪伴下开门见客，众人一下拥上前去。管家在门阶上见孟佗站在人后，不食前言，率领众奴才拨开众人，倒头便向孟佗拜去，把孟佗客客气气地迎进府中。直把那班等候的人惊在那里，心想这位鼻孔朝天的管家对这位孟佗如此客气，看来那孟佗与张让肯定不是一般关系。所以，那些找管家排不上号的人便转来找孟佗走门子，送来大量的金银财宝。孟佗则是来者不拒，一概应允，不出10天，便收下数十万钱财。然后，孟佗便乘着黑夜，带着钱财离开了京城。

现代许多赫赫有名的大企业之中，赤手空拳闯天下而成为大老板的人并不在少数。角荣建设公司董事长角荣便是其中之一。在发迹之前，他长期在专心思考"没有资金赚大钱"的生意，花了好长一段时间才想出一套"预约销售"的方法。

这项办法其实很简单，比如，有人要卖某处山坡的地上物时，他就前去找买主，一找到，他就跟买主接洽。不妨来看看他的说法："那座山上的木料价值有 100 万元以上，主人现在有意以 80 万脱手，请你把它买下来，两个月内保证赚一成。超出一成利润时，超出部分由我所得，如果赚不到一成时，我可以赔你一成的利润。"

这样角荣就让有钱的朋友给他做连带保证。如果买方把它买下来，买好了之后，角荣就代买主销售，如此他往往以买价 2 倍左右的价格脱手。对买主来说，2 个月就有一成的利润，而一成利润比一年的银行利息要多得多，而且有保证，安全可靠，因此找买主并不困难。

这项预约促销的方法，虽然需要有一点社会信用才能办得到，但如果你有信用，有人能替你保证，你只要有诚意和勤于跑腿，这项事业就可以日益壮大。

在百业都需大本钱经营的现代，角荣做这项不要资金的生意确有一套，并且颇有所获。他本来一无所有，经过 10 年的努力，就是靠着这种高超的"借术"，赚取了 10 亿日元。

在委内瑞拉的石油和航运业中，有一位知名度非常高的企业家，名叫拉菲尔·图德拉。他原来几乎是一个身无分文的穷光蛋，但经过约 20 年时间，他已成为一个拥有 10 亿美元以上资产的大富豪。他的成功集中表现在巧借力量，善于运筹。

20 世纪 60 年代中期，图德拉在一次偶然的机会中获悉阿根廷打算从国际市场上采购价值 2000 万美元的丁烷气。当时图德拉是位小商人，他知道这是一宗大买卖，便决定前往阿根廷去亲自考察，看看此信息确实否。他到那里一打听，果然有此事。于是他心里就盘算怎样才能争取到这笔大生意。

图德拉当时主要从事玻璃制造业，从未接触过石油业，可说对该行业没有半点经验。他经过多方面调查后，发现这宗生意已有两位非常强大的竞争者，一是英国石油公司，一是美国壳牌石油公司。这两个公司财大势盛，并且有丰富的石油经营经验。他想，不论凭经验还是靠实力都绝对没法与对手竞争，如果从正面与这两大竞争对手较量，无异于"以卵击石"。于是，他决定采用侧面进攻，以巧借他人力量的战术参与这桩 2000 万美元买卖的角逐。

图德拉再次对阿根廷市场做深入的调查研究，结果发现这里的牛肉生产过剩，急于寻找出路。他反复思考，认为可以在这个问题上大作文章，如果自己能帮阿根廷推销过剩的牛肉，这就可制造出阿根廷购买自己丁烷气的条件。有了这个条件，竞争力量就会胜过英国石油公司和壳牌石油公司了。

于是，图德拉对阿根廷政府说："如果你们向我购买 2000 万美元的丁烷气，我便向你们订购 2000 万美元的牛肉。"阿根廷政府觉得图德拉的条件优于其他竞争者，能解决自己燃眉之急的问题，便决定把采购丁烷气的投标机会给他，使他一下有了强大的进攻力量。

图德拉在做多方位的调查和推销工作时，发现西班牙当时有一家大船厂，这家工厂制造能力很强，而正好缺少订单，工厂处于半停工状态，这引起西班牙政府的严重关注。图德拉认为这是一个很好的机遇，决定前往该国的有关政府部门寻找商机，他表示："假如你们向我买 2000 万美元的牛肉，我便向你们的船厂订制一条价值 2000 万美元的超级油轮。"这一条件对于西班牙政府来说是求之不得的，因为反正它平时也需要进口牛肉，从谁那里进都是进，何不从图德拉这里进呢，何况还有一张

2000 万美元的大订单！于是，他们立即拍板，并通过西班牙驻阿根廷大使馆与阿根廷联络，告诉阿根廷将图德拉所订购的 2000 万美元的牛肉直接运往西班牙。

事实上，就在图德拉向西班牙推销牛肉的同时，他正在到处物色购船的客户。最后他找到美国的太阳石油公司洽谈。他对这家公司的老板说："如果你们肯出 2000 万美元来租用我一条超级油轮的话，我就向你们购买 2000 万美元的丁烷气。"太阳石油公司认为，反正自己也要租用油轮，现在他能买自己的产品，这条件对自己很有利，所以便欣然接受了图德拉的建议。

就这样，图德拉巧妙运用"借术"，把这宗一环扣一环的"连环套"买卖终于做成了。当然，图德拉所做成的生意不是 2000 万美元，而是 6000 万美元。他在这桩巨额的交易中，分文资本不出，从中获取了 350 万美元的利润。这样靠"借"做成的大生意，在商业史上是罕见的，这是图德拉旗开得胜的战绩。从此以后，他继续施展高超的"借术"，连连获得成功，很快即加入世界巨富的行列。

为了借入何妨先借出

借用别人之力是借术的根本宗旨。但如何借到别人之力却是各有各的道行、各有各的高招。王永庆是台湾商界大佬，他的借力术显得与众不同。

1958 年，王永庆为解决塑胶粉的销售问题，设立了南亚塑胶厂，对塑胶粉进行一次加工。但是，南亚厂消耗的塑胶粉毕竟有限，并不能彻底解决塑胶粉销路不畅的问题。因此，王永庆开始考虑对塑胶粉进行二次加工，生产日用品。这样，塑胶制品就能走进千家万户，市场前景将十分广阔。

为了验证开设二次加工厂的可行性，王永庆和赵廷箴出国考察了一番。他们先去欧美转了一圈，发现那里塑胶制品无处不在；接下来又去日本，发现那里的塑胶制品也相当流行。由此可见塑胶制品的用途非常广，发展前景可观。通过这次考察，王永庆更加坚定了开设二次加工厂的信心。

但是，二次加工厂由谁来办呢？这毕竟是个需要技术的行当，不是想干就能干的。带着这个问题，王永庆与赵廷箴奔赴这次行程的最后一站——香港。事有凑巧，在飞机上，他们遇上一个名叫卡林的美国人。由于日本的劳动力比美国便宜，卡林在日本神户开了一家小小的吹气玩具厂。那天，他带了一皮包塑胶玩具样品，准备到香港参加一个展销会。

当时，王永庆与赵廷箴正在飞机上闭目养神。当飞机快要抵达香港时，突然，前排一位小女孩不知何故哭了起来，家长怎么哄也无济于事。正在看杂志的卡林从行李架上取下皮包，从里面掏出一个可爱的塑胶玩具，递给小女孩。小女孩接过玩具，顿时破涕为笑。

卡林不知道什么"好心有好报"的说法，当然也想不到自己这个小小的善举居然会给自己带来一个绝好的发财机会。确实，有时候，一次偶然的行动也能改变一个人的命运。谁也不知道哪次行动能给自己带来好运，只有多采取对他人有益的行动，才有更多的机会。卡林的好运源于王永庆的心念一动之间。当时，王永庆满脑子装着塑胶二字，一见卡林的塑胶玩具，便来了兴趣；又见卡林乐于助人，估计他人品不坏，便和他攀谈起来。王永庆不懂英语，赵廷箴便代为翻译。

经过交谈，王永庆知道卡林熟悉塑胶加工，并开了一家属于二次加工性质的吹气玩具厂。王永庆想，如果和卡林合作，不是很方便吗？于是，一个大胆的构思在他脑海中形成了。飞机抵达香港后，王永庆热情款待卡林，并邀请他去台湾设厂。

卡林有些迟疑，因为他在日本的厂子已经有了一定的基础，对台湾却不熟悉，似乎没有必要冒这个险。

王永庆对他很感兴趣，耐心地劝道："台湾的劳动力比日本还要便宜，如果你肯去台湾，办厂的费用我出，赚的钱归你。"

卡林以为自己听错了，不禁睁大了眼睛。他从商多年，还没听说过这种新鲜事。他想：这个人若不是在开玩笑，就是脑子有毛病。

王永庆看出卡林的心思，解释道："我是生产塑胶粉的，正在寻找销路。我决定自己开设加工厂。如果能搞成的话，塑胶粉的销路问题也就解决了。所以我希望跟你合作，你赚了钱就等于我也赚了钱。"

卡林终于明白了。这是打着灯笼也找不到的好事，他没有不答应的道理。

王永庆回到台湾后，即向台湾有关当局请示此事。当局很高兴，认为能吸引外商到台投资，是一件求之不得的好事，既有助于发展经济，又能产生良好的政治影响，安定人心。经协商，王永庆向卡林提供厂房与资金，当局则在税收等方面给予优惠待遇。

　　卡林得知这些优惠条件后，真是喜出望外，很快与王永庆达成了协议。

　　王永庆与卡林合作的工厂设在新店，取名叫卡林塑胶公司，主要生产雨衣、浴室帘布、小儿尿裤等塑胶制品。王永庆将冠名权让给卡林，也可见他的谦让之德。

　　后来，王永庆又陆续与人合作兴建了几家二次加工厂，塑胶产品销路大大增加，产品积压问题也得以解决。仅卡林加工厂就消耗了台塑总产量的20％，卡林本人自然也获益不浅。

　　当时在台湾，工人的工资大约占产品成本的6％。即如果一件产品的成本是100元，其中支付给工人的工资就是6元；在美国，工人的工资是台湾的15倍，也就是90元。不过，美国的生产效率要比台湾高出两三倍。如果以两倍算，那么，支付台湾工人6元工资，实际上等于支付美国工人45元工资，两地相差39元。产品从台湾运到美国，海运费和关税大约是10元，因此，两地工资成本，实际相差约29元。

　　这29元就是王永庆让二次加工厂赚取的利润，可以说十分可观。

　　借进与借出是个简单的辩证法，可除了王永庆还有谁会拿出大笔的钱给别人投资设厂，目的仅仅是销售自己生产的原料？所以简单未必就容易。其中的道理也不见得一下子被人看明白。这是一种天才的借术，也只能来源于天才的商人。

从对手那里也能借到力

成事的高手往往是借力的高手，这话一点不假。因为真正善借人之力成己之事者，其借力的形式不拘一格，常能出人意表，独创出一条借力新路。借对手之力即是其中之一。

世界上就有这种事，本来作为生意场上的对手，他急切地盼望你的失败，盼望你失败后像仆人一样倒在他的脚下，给他一个毫不留情地拒绝你的机会，然后心安理得地拿走本该属于你的利润。但是当失败的阴影笼罩在希尔顿正在建造的一座饭店上时，他却审时度势，施展高明的强借术，硬是让对手掏钱帮他完成了工程。

希尔顿在建造达拉斯希尔顿饭店时，这个饭店的建筑费用要100万元，而他当时并没有这么多钱，所以开工后不久，就没有钱买材料和支付工钱了。

希尔顿想了一个奇招，他决定去拜访地产商杜德，也就是那个卖地皮给他的人。

希尔顿找到他后，开门见山地说："杜德，我没有钱盖那房子了。"

"那就停工吧。"杜德漫不经意地说，"等有钱时再盖。"

"我的房子这样停工不建，损失的可不是我一个人。"希尔顿故意顿了一下，才接着说："事实上，你的损失将比我还要大。"

"什么？"杜德眼睛瞪得像铃铛，不相信自己耳朵似的，"你这话是什么意思？"

"很简单。如果我的房子停工了，你附近那些地皮的价格一定会大受影响，如果我再宣扬一下，希尔顿饭店停工不盖，是想另选地址，你的地皮就更不值钱了。"

"怎么，你想要挟我。"

"没有人要挟你，我只是就事论事。"

"可是，你是没有钱才……"

"没有人知道我会没钱。"

"我会告诉他们的。"

"没有人会相信，我现在已拥有好几个饭店，规模虽都不算大，但声誉却不坏。相信我的人一定比你多。同时我做的生意交际广，认识的人也比你多。"

这番话使杜德动容了，说话的气势小多了："咱们无冤无仇，你何苦跟我过不去。"

"为了希尔顿饭店的名誉，我不得不出此下策。"希尔顿的态度也变得很委婉，"我总不能让大家知道我穷得连盖房子的钱都没有吧。"

"可是，绝不能为了你自己把我也给害了。"

希尔顿故意皱着眉头，沉思一会儿后说："我倒是有个两全其美的办法，不知道能不能行？"

"什么办法？"

"你出钱把饭店盖好，我再花钱买你的。"杜德张嘴欲言，希尔顿用手势止住他，接着说：

"你别急，听我把话说完。你出钱盖房子，我当然不会亏待你，就等于是你盖房子卖。最主要的是，饭店的房子不停工，你附近那些地皮的价格就会上扬。我如果再想个办法宣传宣传，你的地皮不是价钱更好了吗？"

虽然这是希尔顿耍的手段，但实情也确是如此，无奈之下，杜德只好答应了他的条件。

1925 年 8 月间，达拉斯希尔顿饭店开张了。这是一家新型大饭店，也是希尔顿饭店进入现代化的一个起点。

希尔顿让地产商按照他的设想把房子盖好，然后又让地产商以分期付款的方式卖给他。这种事听起来似乎根本不可能，但事实上，只要抓住了对手的"七寸"，即使让他们干一些暂时牺牲自己利益的事，他们也会照办的。

借人之力也要软硬兼施

借力，绝不是低声下气去求，最好能于不声不响、不知不觉之中借到力。当然，天下精明人多的是，有的人的力就不那么好借。这时候就要一手软，一手硬，来个软硬兼施。

胡雪岩被人冠以商圣之尊，圣者，凡夫俗子难以达到之境界也。我们看胡雪岩巧用官势、情势的手段，可知此名不虚。

胡雪岩投效海运局主管王有龄不久，通过官运漕米赚了一笔钱，胡雪岩想起，当初被信和撵出来时，曾起过誓，现在机会不是到了吗？但万把两银子开钱庄，本钱太小，难以做大。胡雪岩眼珠骨碌碌一转，立刻便想出一个主意，他同王有龄一说，王有龄连连拍手称妙。

第二天，王有龄身穿官服，戴六品顶戴，坐一乘四人蓝呢大轿，由两名执事在前面扛着"回避"的牌子开道，真是威风八面，官仪做足，招摇过市，直奔信和钱庄。早有人告知钱庄老板蒋兆和，蒋兆和一见来势，立刻猜到大主顾上门了，连忙上前，跪地迎接。王有龄端着架子，未置可否，鼻子里哼了一声，神色冷峻。蒋兆和小心翼翼迎到客厅，送热手帕，泡毛尖茶，人前人后忙个不停。待宾主坐定，王有龄便声称要找一个叫胡雪岩的伙计，说自己去年曾向他借了500两银子，现要将本带息还给他。蒋兆和暗暗叫苦，胡雪岩早已被辞退，而今不知去向，哪里去找？忙说："胡雪岩出省公差去了，三几日内回不来，老爷不如把银子留在柜上，我打一张收条，也是一样的。"

王有龄断然拒绝，收起银子并放言，我有话和他谈呢，若是找不到他，可别怪我欠账不还。王有龄大步走出钱庄，扬长而去。蒋兆和心痛万分，方知自己干了天字第一号的蠢事，当初本不该赶走胡雪岩，眼下白花花的银子收不回来，又打听到王有龄是海运局主管，更加捶胸顿足、后悔不迭。海运局每年经手的粮银几十万两，若是能靠上这样的大主顾，钱庄的头寸周转就不愁了。

思前想后，蒋兆和决心找到胡雪岩，他派出伙计，四处打听，很快便弄清了详细地址。

胡雪岩见到蒋兆和，爱理不理，故意冷落他，但蒋兆和仍不介意。因为他明白胡雪岩已攀上高枝，今非昔比，不可小觑。凭着商人的精明，蒋兆和脑子里转了几转，立刻明白胡雪岩的分量，对信和来说无疑是位财神，可千万别放走了。于是，蒋兆和使出浑身解数，又是称赞他有出息，又是大谈昔日友情，猛灌一气迷魂汤，并送上丰厚的礼物。胡雪岩顺水推舟，与他渐渐亲热，气氛融洽了许多。

蒋兆和请胡雪岩到信和做个董事，情愿奉送股份若干，胡雪岩推辞一阵，敬谢允许。这样一来，他便成了信和的人，一根线上拴俩蚂蚱，可以同甘苦、共进退了。

往后几日，蒋兆和费尽心机，今日请胡雪岩吃花酒，明日替胡雪岩安排郊游，专在他身上下功夫，三日一小宴，五日一大宴，胡雪岩乐得大享其福，只由他安排。一月下来，两人捐弃前嫌，言谈融洽，俨然成了生死至交。看看火候已到，胡雪岩先把一万两银子存到信和，3年为期。蒋兆和自然满心欢喜。

一日，酒足饭饱之后，胡雪岩好似满腹心事、欲言又止。在蒋兆和关切地追问下胡雪岩才告诉他，海运局有70万两银子的公款，想要寻找一家可靠的钱庄存放，月息低倒无所谓，应随时能支用。蒋兆和高兴得心都快跳出来了，他的信和不过20来万两银子的底储，常常苦于头寸不足，放掉许多大生意。如今要是有了海运局这大笔银子垫底，杭州城的钱庄谁有这般雄厚实力？蒋兆和请求胡雪岩将银子存到信和。

但胡雪岩提了一个条件，即一旦公用，不要耽误了大事。蒋兆和为庞大的数目所陶醉，根本没有注意到胡雪岩的弦外之音。所谓利欲熏心、忘乎所以，大概就是如此。

时隔不久，信和钱庄果然存进70万两银子，蒋兆和顿时觉着腰粗胆壮，说话也硬气了不少。为了使他放心，胡雪岩告知其中30万两银子可以长期入存，海运局不可能都支用。蒋兆和如吃了定心丸，放大胆子放款吃高利息，业务蒸蒸日上。

　　胡雪岩当了信和董事，时不时到钱庄走走，同蒋兆和套近乎。蒋兆和自然求之不得，他觉得同胡雪岩关系愈密切，海运局这座靠山越稳当。为表示亲密无间，无所避讳，蒋兆和常把钱庄来往明细账簿送给胡雪岩过目，以示不欺。胡雪岩本是行家里手，稍稍一看，便知钱庄生意情况。这天，蒋兆和又将账簿给胡雪岩察看，胡雪岩发现蒋兆和急于放款求息，钱庄底银已不足 10 万，这是十分危险的事。倘若有大户前来提现银，就可能告罄出丑。即使同业可以援手相助，调头寸解决，数目有限，也不能完全满足。倘若钱庄不能兑现，风声传出，用户一齐来挤兑提现，钱庄非倒闭不可。而眼下，唯一能提现银的大户，唯有海运局。想到此，胡雪岩嘴角露出狡诈的笑容。

　　第二天，信和钱庄刚刚开门，便有两名公人模样的人，手持海运局座办王有龄签发的条札，前来提现银 30 万两。蒋兆和一听，如雷击顶，底金不过 10 万，如何能兑现？慌忙中，蒋兆和安排公人稍坐，赶紧去找胡雪岩。谁知胡宅告知，胡雪岩已于昨日到上海去公干。蒋兆和无奈，急忙向同业公会求援，对方只肯调剂 5 万。蒋兆和无奈，前去海运局求见王有龄。王有龄和蒋兆和没有私交，打着官腔慢吞吞威胁说："这 30 万银子是用来购粮运往江北大营，朝廷与太平军战事激烈，耽误了军用，上面怪罪下来可是要掉脑袋的。"其时太平军正与清军在南京周围激战，军粮是作战急需，这厉害蒋兆和清清楚楚，不禁吓出一身冷汗，还想通融，推迟半个月。王有龄断然拒绝并限令：余下 40 万银子，10 天后将取出作为饷银解送曾大帅处，到时如有误失，请曾大帅处置。这话几乎令蒋兆和昏迷过去，谁不知曾大帅执法严厉，嗜杀成性，老百姓暗地称他"曾剃头"。

从海运局出来，蒋兆和双腿发软，眼前一黑，扑通栽倒在地。

信和钱庄柜台上，不少存户手持钱庄银票，要求提现银，他们不知从什么地方得知钱庄亏空严重，面临倒闭清盘的消息。此举无疑雪上加霜，蒋兆和支持不下去了，他甚至想到了自杀，一了百了。恰在这时，胡雪岩奇迹般地出现了，蒋兆和顾不得面子，一下跪在他面前，涕泪横流，哀求胡雪岩救命。刹那间，胡雪岩感到无比的痛快和惬意，但他并不形诸于色，反而做出痛心疾首的模样。扶起蒋兆和，请他少安毋躁，然后对前来兑现的人们保证：信和是老招牌，信用从来不错，如今又有海运局做后盾，一定不会赖你们的银子。人群中有人发问："听说海运局要提走全部存银，信和无法兑现，快倒闭了。"

胡雪岩神态肃然，正色道："本人与海运局王老爷系莫逆之交，掌管海运事务，我怎么没听说过提银的事？勿听信流言，扰乱人心，这可是要吃官司的呀！"人们不吭气，胡雪岩赠银救王有龄的事，全城尽人皆知，他俩的关系非同寻常，胡雪岩的话足以代表海运局，谁还会有异议呢？众人不再兑现，逐渐散去，柜台前总算清静下来。

蒋兆和有气无力地问胡雪岩原委。胡雪岩告诉蒋兆和，王有龄并不是想提银公用，而是想用这些银子开钱庄做生意。蒋兆和听完忙问解决办法，胡雪岩压低声音，凑近蒋兆和耳边，嘀咕道："俗话说，千里做官只为钱，王大人多年闲居，手头拮据，老早就想干点什么，尤其对钱庄生意颇有兴趣，只苦于一无本钱，二无人手，终未实现，大哥若是愿意，不如趁机奉送股份与他，交个朋友，大家在一口锅里捞食，还怕生意不红火。"蒋兆和一听，不免有些肉痛，但为避免彻底倒闭，此法确实高明。

一番甜言蜜语，蒋兆和心里好受一些，想想不独能保住性命，而且照旧做老板，局外人反正不明就里，凭着信和这块老招牌，再加上海运局做坚强后台，杭州城里也算同行老大，照样呼风唤雨，吃香喝辣，也算不幸中之大幸。主意打定，蒋兆和向胡雪岩拱手道谢。

胡雪岩施展"软"、"硬"兼用的两面手法，凭空进账了大笔股金，还连带收服了一个钱庄的老手。自此为起点，胡雪岩在生意场上一发不可收了。

胡雪岩在这里的借势虽是强借，但自有其巧妙之处。首先他可以倚靠的官势是现成的，但如果他就是仗着官势大大咧咧狮子大开口去强占信和钱庄的股份，即使不被暴揍一顿也会给强撵出门。以胡雪岩之精明绝不会干这种傻事。他先给信和钱庄的老板布下一个他必钻不可的套儿，一旦那位可怜的老板钻进来，俟后的迫不得已之势便水到渠成，胡雪岩只管坐收渔利好了。

三忌

心不设防：
存一点防范之心以保护自己

应该承认社会上好人多，但不能否认的是坏人也不少。
这里的"坏人"不一定都是大奸大恶——杀抢盗骗的匪
人或老谋深算处处设陷阱的奸人。在我们的身边可以定
义为"坏人"的绝大多数也许只是有一些小毛病之人，
但如果你对别人的这些小毛病不加注意和防范，可能会
深受其害，成为它的牺牲品。心存一点防范之心，于人
无害，于己有利。

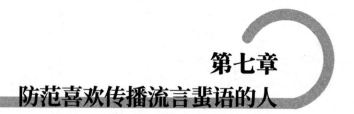

第七章
防范喜欢传播流言蜚语的人

流言蜚语也就是未经证实，可能为真也可能是假的消息。喜欢捕风捉影地传播此类消息的人，你很难认定他是个坏人，因为这似乎也不是什么大不了的事情。但是流言蜚语对当事者的伤害却是十分巨大的：损害人的名誉，砸掉人的机会，严重的还会要了人的性命。因此，防范传播流言蜚语的人就不再是件小事了。

学会把秘密藏在心里

喜欢背后传话的人不管出于告密的目的，还是仅仅为了满足自己传播秘密的快感，总是在紧盯着周围人的一言一行，如果你出言不慎，自然容易落下口实。相反，如果你在人前背后说话谨慎一点，把凡有可能被人当作秘密的东西掖在怀里、藏在心里，不露半点分毫，即使他的舌头再长，也"舔"不到你身上。

　　清朝雍正皇帝在位时，按察使王士俊被派到河东做官，正要离开京城时，大学士张廷玉把一个很强壮的佣人推荐给他。到任后，此人办事很老练，又谨慎，时间一长，王士俊很看重他，遂把他当作心腹使用。

　　王士俊任期满了准备回到京城去。这个佣人忽然要求告辞离去。王士俊非常奇怪，问他为什么要这样做。那人回答："我是皇上的侍卫某某。皇上叫我跟着你，你几年来做官，没有什么大差错。我先行一步回京城去禀报皇上，替你先说几句好话。"王士俊听后吓坏了，好多天一想到这件事两腿就直发抖。幸亏自己没有亏待过这人，多吓人哪！要是对他不好，命就没了。

　　为人处世，要像王士俊一样懂得矜持；交朋友也要有城府，否则将会授人以柄，后患无穷。对于这一点某先生的体会颇深刻，值得分享：

　　"矜持是很多人借以保持神秘魅力的法宝，但我却常常把握不住，想想很亏的。心里本来有什么东西，你把它当做自己看家的内涵，放得很高看得很重，仿佛你就因为它而有资本，含蓄和深沉。可一旦说出，你就没了，而若给有城府的人掌握了你的内涵，他就在你面前更有资格矜持了。那是因为你把内心的一块领地出卖给了人家，人家有更大的内心势力可倚了。他的大城府既然占据了制高点，他就可以在自家阳台上任意俯视你的小城府了，而且一览无余。这样，你便既不自主自在，又无神秘可言，自然也就显得不珍重！而假若你要回访别人，人家可是庭院深深深几许的，你根本没门。所以要谨防由于你的拱手相让'丧权辱国'而导致别人对你的心灵殖民！"

　　"初到一个新的人际环境，更要注意矜持和城府问题。因为这时候你极易发现人都是好的，于是就会被一团和气所迷，全忘了逢人只说三分话的古训。相处日久，了解渐深，才会意识到你原来所识的只是人家的一个侧面，此时所见才是完完整整立体多面的人。于是，你会再考虑抽身回转，与他人保持一种距离以保护自己。但是，你把自己交出去后，就等于把水泼出去了，是收不回来的。这样，以后你还能平平衡衡地与人保持一种相等的距离吗？不可能。别人往你这儿来是长驱直入，你往别人那儿去，却是寸步难行。没办法！你只好带着满身的痱子，疙疙瘩瘩地生活在这些人中间，这也许就是张爱玲所说的啮咬性的小烦恼吧？"

总之，坦露之心如一封摊开在众人面前的信，会使你受人摆布。对人交心是危险的，因为你有了让人控制的把柄，会成为任人驱使的奴隶而不能自主。在现实生活中，不是所有的悄悄话都能长久悄悄下去的。有以下三种话即便"悄悄地"也不能说：

①捕风捉影的话不要说。捉贼要赃，拿奸要双，这就要求我们说话办事要有真凭实据，如果我们向对方说的悄悄话，如风如影，纯属无稽之谈，那是很危险的，尤其是对一个人的隐私更是不可在私下信口开河，胡编乱造。比如说，某男与某女（均有家室）在街道的树荫下拥抱亲吻，那情景真比演电影还卖力。若被听者传出，当事人可能会恨你骂你，伺机报复你，甚至当面计较，对抗，要你说出个所以然来，你怎么说呢？把悄悄话再说一遍，请拿出证据来！你当时又没有摄像，又没有录音，怎么能够证明某男与某女曾有这种热烈的表演呢？只有掌嘴一门！不赔礼道歉还行吗？人家本有如此这般的举动，而你并无证据，这样的悄悄话，属捕风捉影一类，是万万说不得的。人心难测，不一定对，但不无道理，我们说悄悄话也不能只图一时痛快，而不计后果。

②违纪泄密的话不要说。小至单位大至一个国家在一定时期，一定范围内都有秘密，我们只能守口如瓶，不可泄露。有的人轻薄，无纪律性，就私下把机密"悄悄"地说出去了，弄得一传十，十传百，家喻户晓，有些心术不正的人如获至宝，甚至拿去作为谋利的敲门砖，给单位乃至国家造成严重的损失。即使诸如涉及人事变动的内部新闻，你也不要去向有关的人说悄悄话，万一中途有变，你将如何去安抚别人呢？如果为此而闹出了矛盾谁负责呢？向亲友泄密，不是害人便是害己。你一片热心向他说了悄悄话，他可能认为这是泄露机密，于是，他当面批评、指责你，甚至状告你，那么这时你的体面何在？有些人并不喜欢听那些悄悄话，他不领你的情，这就没有意思了。还是封锁感情，守口如瓶吧。

③披露悄悄话的话也不要说。须知这世上有些人很怪，情投意合时无话不说，无情不表；一旦关系疏淡，稍有薄待，便反目成仇，无情无义，甚至添油加醋，不惜借此陷害，从而达到他不可告人的目的。殊不知，这些抖出悄悄话的人，也要吃亏的。我们知道，悄悄话大多是在两人之间传播，试问，你一个人能够证明我有此一说吗？甚至对方出于愤怒会狠狠地还击，跟编小说一样编出你的悄悄话，以十倍于你的兵力将你置于有口难辩的境地，纵然会两败俱伤，也没有白白被你出卖。结果如何呢？你本是讨好卖乖，求名逐利，或发泄私愤，算计别人，不巧却被悄悄话所害。所以，假使你听了悄悄话，也没有必要往外抖，任何人在这个世上都有一片自由的天地，还是讲究信义，以善良为本的好，何必让人反咬一口呢？

最后应该特别强调的是：讲秘密会陷你于不利，而听秘密同样也不安全。许多人因为分享了别人的秘密而不得善终。许多人打碎镜子，是因为镜子让他们看到了自己的丑陋。他们不能忍受那些见过他们丑相的人。假如你知道了别人不光彩的底细，别人看你的目光绝不会友善，尤其是有权有势的人，定会找机会打击你。听秘密也会落人把柄，尤其注意不要与比你强大的人分享秘密。秘密，听不得，讲不得。

防范流言最好的办法是沉默

传播小道消息绝不是做人的细枝末节，其危害之大也绝非耸人听闻，如果你对这样的人、这样的事不加注意、不加防范，总有一天会栽在他手里。

有个成语叫"众口铄金"，意思是说，如果众口一词，即使是铁打的事实，也会被扭曲。由此可见，人言可畏。

《战国策》中有一个"三人成虎"的故事。

战国时，魏国有一叫庞葱的重臣。有一年，他奉命陪世子到赵国都城邯郸做人质。出发前，庞葱对魏王说："大王，如果有人告诉您，街市上有一只虎，您相信吗？"

老虎招摇过市，魏王当然不信，便回答："怎么可能有这种事？寡人不信！"

庞葱又说："如果又有一个人告诉您，街市上果然有一只虎，那大王信吗？"

魏王想了想，说"嗯，这就值得考虑了！"

"如果再有一个人说同样的话呢？"

"嗯，如果三人都这么说，那应该是真的。"

听完魏王的回答，庞葱兜出了说此话的真意，他说：

"事实上，街上并没有老虎，那只是以讹传讹而已，大王何以信之呢？是因为说的人多了。现在我与世子背井离乡，去远在千里之外的赵国当人质，我们在那里的情况大王无法准确地了解到，说不定会有人传出'市有一虎'般的谣言，大王难道也要相信吗？所以为了保证世子将来能顺利回国继承大统，请大王先请三个人传言大众，说我只是离开了都城，并不是去邯郸。"

魏王不以为然。庞葱陪世子去赵国做人质后不久，便有人暗中中伤庞葱，说他企图拥立世子，怀有二心，图谋不轨。说的人多了，魏王居然信以为真，于是命世子归国，而庞葱不再被重用。

庞葱事先已给魏王打了"预防针"，但也难逃"众口铄金"的命运，可见流言的破坏力之大。

《战国策》中还有一个类似的故事：孔子的弟子曾参，以孝闻名。他住在费邑时，有一个同名同姓者杀了人，有人误以为是曾参所为，议论纷纷，谣言很快传到曾母那里。当时曾母正在织布，便停杼正色道："我儿不会做那种事！"不久又有人来说："曾参杀人了！"曾母依然镇定如故，不予理睬。后来又有人来说同样的事。这时曾母终于不安起来，急忙开始收拾东西，准备逃走。

大众都有"从众心理"，觉得大家都在传说某事，那这事看来假不了，无风不起浪嘛。正是因为这种心理，流言才能传得特别快，真是"好事不出门，坏事传千里"。

做人要做一个明智的人，不要随便传播流言，也不要轻易听信流言。

东晋时候，有人请大将桓温评论一下谢安和王坦之的优劣。桓温刚要开口，忽然想起了什么似的，说："你这人爱传话，嘴上没个把门的，我不能告诉你。"

桓温不愿背后评论人，那是因为怕自己的话被别人七传八传，还不知道会传成什么样子呢。于是干脆不说，沉默是金嘛。

流言止于智者，而能够止住流言的智者，才是长舌人的最大克星。

学会话说三分以免陷入是非

碰上老实的人，你们一见如故，把"老底"全都抖给对方，也许会因此成为知心朋友；但在现实中，更多可能的情况是：你把心交给他，他却因此而小看你，更有甚者会因此打起坏主意，暗算于你。所以说，在待人处事中，尤其是对摸不清底细的人，切切做到"逢人只说三分话，未可全抛一片心。"否则，吃亏受伤害的将是你自己。

李厂长出差的时候在火车上遇见一位"港商"，二人一见如故，互换了名片。这位港商在举手投足之间都显示出一种贵族气质，这使李厂长对其身份毫不怀疑。恰巧二人的目的地相同，而港商又对李厂长的产品非常感兴趣，似有合作意向，李厂长便与之同住一个宾馆，吃饭、出行几乎都在一起。这一天，李厂长与一客户谈成了一笔生意，取出大笔现金放在包里。午饭后与港商在自己屋里聊天，不久李厂长起身去卫生间，回来时出了一身冷汗：港商和那个装满钱的皮包都不见了！李厂长赶紧报警，几天后案子破了，罪犯被抓获后才知道，原来他并不是什么港商，而是一个职业骗子。这让李厂长对自己的轻易相信他人、交出自己底细的做法痛悔不已。

像李厂长这种被人摸清底细钻了空子的事情几乎时有所闻。而"港商"的骗术仅在于：他交出"假心"，以此诱骗你交出"真心"。而你却不知江湖险恶，就心实厚道的什么都对他说了。所以，在这一点上我们有必要吸取教训，换一种不那么"实心眼儿"的做人态度。

孔子曰："不得其人而言，谓之失言。"对方倘不是深相知的人，你也畅所欲言，吐露真心，对方的反应是什么呢？你说的话，是属于你自己的事，对方愿意听你吗？彼此关系浅薄，你与之深谈，显出你没有修养；你说的话，是纠正对方的，你不是他的诤友，不适于与他深谈，则显出你的冒昧！

所以逢人只说三分话，不是不可说，而是不必说，不该说，与事无不可对人言并没有冲突。

事无不可对人言，是指你所做的事，并不是必须尽情向别人宣布。老于世故的人，是否事事可以对人言，是另一问题，他的只说三分话，是不必说、不该说的关系，是一种自我保护和防范。

另外，和人初次见面，或才见过几次面，就算你觉得这个人不错，而你也喜欢他，也不该把你的心一下子就掏出来。我们主张不那么老实做人，意思是：对还不了解的人，无论说话或作为，都要有所保留，不可一厢情愿。

告诉你不要一下子就把心掏出来，是因为人性复杂，你若一下子就把心掏出来给对方，用心和他交往，那么就有可能"受伤"。

把心掏出来，这代表你的真诚和热情，但见你把心掏出来，他也把心掏出来的人不太多，而且也有掏的是"假心"的人。若这种人又别有居心，刚好利用了你的弱点，好比薄情郎对痴情女一般，那么你的日子就不好过了；而会玩手段的人，更可以因此把你玩弄于股掌之中。

另外还有一种情况，你一下子就把心掏出来，如果对方是个谨慎的人，那么你反倒会吓着了他，因为他怀疑你这么坦诚是另有目的的。如果是这样，你可能会弄巧成拙，因而断送了有可能发展的情谊。

因此，与其把心一下子掏出来，不如慢慢观察对方，待有了了解之后再"交心"。你可以不虚伪，坦坦荡荡，但绝不可把感情放进去，要留些空间作为思考、缓冲——不掺杂感情因素，那么一切就好办了。

一位牙病患者坐在牙科医生的椅子上时，他总是尽量地张大嘴巴。但是在做人处世中，即使是一个最简单的事情也得深思又熟虑。要养成习惯，在你张开自己的嘴巴之前，要尽量了解其他人的观点。这当然要花费一点精力，但为了取得好的结果，是值得去努力的。

但也许有人会说，人在社会中必须交际，而交际就必须说话，而你总是怀疑这个，防备那个，像个"装在套子里的人"，又怎么能广交朋友多铺路呢？还有，人既是理性的人，又是情感的人，又怎能不向别人倾诉呢？这种问题就需要由自己来正确把握了。人在交际中，可说三分话，可试探性地交心，以有备无患的姿态开放心怀，这样，才有可能在交际中掌握主动，左右逢源，而光凭老实认真是走不通的。人在满怀喜悦或满腔忧愁的时候，总是想找一个可以倾诉的朋友宣泄一下。人们可以在倾诉中发泄自己的情绪，也可以在倾诉中整理自己的思绪，审视自己的行为。通常人们需要一个安静、理智地倾诉对象，需要他同情和沉稳的目光。如果人们的倾诉被一次次地打断，那么他的倾诉心理就得不到满足。美国的女企业家玛丽曾说：这种艺术的首要原则，就是你全神贯注地听取对方的谈话内容，其次，当别人请教你的时候，你最好的回答就是：你看怎么办？她举了一个例子：有一次，公司里的一位美容师来向她倾诉自己婚姻的不幸，并问她，自己是否应提出离婚。由于玛丽并不熟悉她的家庭，不可能为她拿主意，只好在美容师每次问她的时候，就反问一遍："你看应该怎么办？"她每问一次，美容师就认真地考虑一下，然后说出自己应该如何如何。第二天，玛丽就收到了美容师的鲜花和感谢信，一年以后，玛丽又收到了她的信，说他们的婚姻已十分美满，感谢玛丽为他们出的好主意。事实上玛丽什么主意也没有出，只是以足够的耐心和沉静的态度感染了当事者，让她能够从非理智的情境转换到理智情境，像思考别人的事那样思考自己的事，从而寻找出适合于她自己的解决方法。这就是"聆听"的魅力所在。

如果你采取相反的办法会怎样？告诉她趁早离婚？恐怕转身人家老公就找上门来跟你论个短长。如果你摸不准自己的话会不会成为别人的把柄，甚至是否会被当作一个小秘密传播开去，那就说话时别把话说透、说满。话说三分才会给自己留有余地。

别给打小报告的人以可钻的空子

　　有人爱嚼舌头、传播秘密，打小报告，是因为有人爱听，而且相信这些。

　　汉武帝年老之后，身边有一个宠臣叫江充，就是他一句话，令几万百姓惨遭屠杀。

　　江充，原名江齐，赵人。他有个善于鼓琴歌舞的妹妹，嫁给赵敬肃王刘彭祖的太子刘丹，于是江齐得幸于赵王。后来，赵太子刘丹怀疑江齐把自己的隐私报告给赵王，便派人抓捕江齐，由于没有抓到，刘丹便将江齐的父兄全抓起来杀了。江齐为了报父兄之仇，逃亡入关，改名江充，上书汉武帝，告赵太子刘丹与其姐及赵王后宫奸乱，交通郡国豪猾，攻劫商贾百姓等事。汉武帝看到江充上书后，大怒，于是诏捕赵太子刘丹下魏郡诏狱，廷尉与魏郡量刑为死罪。赵王刘彭祖为太子上书诉冤，并表示愿率国中勇敢之士从军击匈奴以赎太子之罪，汉武帝不允，后刘丹虽赦出，但亦不得恢复赵国王太子地位。赵王刘彭祖也不是个好东西，专门用阴险手段整治汉廷派去赵国的大臣，赵太子刘丹更不必说了。所以江充借揭发赵太子丹的罪状以报父兄之仇，在当时的历史条件下，应该说是可以理解的。

　　江充也就因此而逐渐得到了汉武帝的信任，曾自请为汉使者出使匈奴，归国后，拜为直指绣衣使者，督三辅盗贼，禁察王侯大臣的奢侈逾制情况。按《汉书·百官公卿表》说，御史大夫属官中，"有绣衣直指，出讨奸猾，治大狱，武帝所制，不常置。"据注解说，直指是公正无私，衣绣是尊崇之意。贵戚近臣奢侈超过制度之事自多，江充为绣衣直指后，罚了这批人总计数千万钱，以充北军军饷。汉武帝对江充十分满意。

江充看到馆陶大长公主车马行于驰道中，便呵问之，大长公主说："有太后诏。"江充说："太后诏只适用于大长公主本人，不得适用于随行人员。"于是，按律将大长公主随行人员车马全部没收。

后来，江充随从汉武帝在甘泉宫，看到太子家使乘车马行于驰道中，江充即将车马扣下来。太子派人向江充谢罪说："并不是在乎这点车马，确实是不愿让皇帝知道了，显得我平时教育左右无方，请江君宽而赦之。"江充不买太子的账，照样奏报汉武帝。汉武帝高兴地说："当臣子的就应该这样。"于是对江充更为信用。江充由此威震京师。

这时，正好汉武帝在甘泉宫生了病，江充便上奏汉武帝，说皇帝的病，在于有人用巫蛊的方法诅咒皇帝。汉武帝是相当迷信的，所以江充一说，汉武帝就相信了，马上派江充为专门治巫蛊的使者。江充找来胡地的巫者，到处掘开地面，寻找埋在土中的木偶人，收捕一切在夜里祭祀的百姓。胡巫自称能看见鬼，江充叫胡巫一看到鬼就在地面上做个记号，然后把住在附近的人全抓起来，烧红铁钳后烫这些人，教他们招供巫蛊之事。这些百姓们在酷刑之下，熬不住了，便胡乱招供，转相牵引，于是治狱之吏以大逆不道论斩。就这样，前后杀了几万无辜的百姓。

当然，无论古今像江充这样专以背后打小报告得势的人毕竟是少数，但这少数人的能量并不小，所以还需积极应对，少给他留一些可钻的空子。

打"小报告"的人从来不敢光明正大地向上级提供某些所谓的"材料"或"报告"，他们打"小报告"时总是在暗地里偷偷摸摸地进行，偷偷摸摸是这类人最基本的特征。因为当他们偷偷摸摸地行事时，没有人与他们进行对质，他们可以毫无顾忌地凭着三寸不烂之舌，随便乱说。

针对这类人偷偷摸摸的特征，你可以运用"当众对质"的方法，把事情的原委公之于众，而且当面辩论，"小报告"成公开材料，并且有事实与之对比，"小报告"的影响便被大大限制了。

打"小报告"的人比任何人都清楚自己的话是真是假，他们比谁都害怕与人当面对质辩论，因此我们在平日工作、生活、学习中，遇到"小报告"这种伤人的"暗箭"，大可不必惊慌失措，而应沉着应对，予以恰当的反击，以防范对自身乃至他人造成的伤害。

当面驳斥"小报告"的内容，可以更好地树立自己的信誉，让那些打"小报告"的人无处可藏。

"摸清底细"是应对打"小报告"的人的另一种有效方法，详细了解"小报告"的内容，确切掌握事情的真实情况。

客观真实的事实材料是回击那些凭空捏造、捕风捉影的"小报告"的有力武器。我们每个人在遇到麻烦的时候，只要能确实做到以事实为依据，尊重客观存在的东西，而不为某些表面现象所迷惑，就能彻底揭穿"小报告"的荒谬言辞，对问题做出较为公正的判断和处理。

如果不深入实际进行认真细致的调查研究，不去掌握真实情况，对于他人所讲的哪些是对的，哪些是错的，哪些是不够完善且存在纰漏的，甚至哪些是出于个人想法捕风捉影、添油加醋而故意编造的，就无法区分清楚。所以，我们说，深入细致地进行摸底调查，既是客观地判断问题是非的需要，也是防范和反击"小报告"的要旨。

运用摸清底细的方法，可以使你更清楚地了解打"小报告"者的目的，同时还可以使你更充分地掌握大量确凿的事实，这样在最适宜的时机，你就可以对那些人进行强有力的反击。

不给打"小报告"的人留下把柄，是应对这类人的根本途径，是防止打"小报告"者在上司面前攻击陷害你的根本方法。

尤其注意关系好的长舌人

你检视一下自己周围的朋友、同事，看看有没有喜欢到处传话的人，如有，在他面前你说话千万要小心；看看有没有背后告密的人，如有，赶紧躲得远远的，沾上这种人，也就和是非沾上了边。这种长舌人之所以可怕，是因为他的舌长的时机是有选择的，他告密的目的就是谋取好处，甚至是从你的被伤害中谋取好处。

金朝的佞臣萧裕控制国家大权以后，依靠与暴君海陵王的特殊关系，专横跋扈，势倾朝廷。海陵王对他也特别信任，无论大事小情，都找他商量，其余的宰相不过是个摆设。

海陵是一个花花公子，早在青年时代就把"得天下绝色而妻之"作为"一志"。当上皇帝以后，更加肆无忌惮，淫乱有增无减。他按照女真旧俗，淫乱不分亲疏远近，即使自己的亲姐妹和外甥女，只要是"绝色"，就要妻之。在他所诛杀宗室的妻子中，多为海陵表亲，海陵有意将她们中的"绝色"纳入宫中，便派徒单贞去与萧裕商量，萧裕开始不同意，在徒单贞的说服下，表示同意。徒单贞又说，"你光表示同意不行，还要上奏请求皇帝益嫔御以广嗣续。"萧裕又遵照海陵的意思，上奏请求海陵将宗本子莎鲁剌妻、宗固子胡里剌妻、胡失来妻和秉德弟纪里妻纳入宫中。

萧裕帮助海陵搞阴谋、干坏事，日益受到宠信，因而越发洋洋自得起来，见人就说他与海陵的关系如何如何好，以便抬高自己的身价。结果适得其反，引起了很多人的反感。

萧裕以为自己与高药师的关系很好，就把以前同海陵密谈的话告诉了高药师。高药师也是一位势利小人，为了讨海陵的欢心，立即把萧裕所言告诉海陵，并添油加醋地说："萧裕有怨主之心。"海陵听后，把萧裕找来，只是告诉他以后不要这样做，并没有过多怪罪。

萧裕瞒上欺下，逞性妄为，引起越来越多的人不满，他们纷纷向海陵控告萧裕擅权专恣，作威作福。海陵以为这些人嫉妒萧裕，没有相信他们的话，又以为这些人可能是看到萧裕的弟弟萧祚任左副点检，萧裕的妹夫耶律济离剌任左卫将军，亲属把持朝政，互相凭借，才产生了嫉妒心理。为了消除这些人对萧裕的疑忌，海陵没有同萧裕商量，就把萧祚改为益都尹、把济离剌改为宁昌军节度使，又任其弟为太师领三省事，与萧裕共在相位，以防人们说他擅权。

海陵这样做，本来是替萧裕着想，可萧裕很不理解。因为他阴谋策划杀了许多人，做贼心虚，也怕别人以此手段杀了他。萧裕心想："海陵没有同我商量，就把我的亲属改为外职，一定是开始怀疑我了。任其弟为太师领三省事，也是为了监视和防备我。另外，以前我曾一度反对海陵将诸宗室之妻纳入宫中，高药师也曾告我有怨主之心，那时，海陵虽然没有怪罪我，但心里一定有了疑忌。"想到这儿，萧裕心里一惊，顿时出了一身冷汗。多年来同海陵打交道，萧裕知道海陵残忍嗜杀，对于知道并参与其杀君之人和怀疑威胁皇权之人，皆一一杀死。他又想："这次恐怕开始怀疑并轮到杀我了。不能这样等死，我要聚集力量谋反，争取闯出一条生路来。"大凡做了亏心事的人，一听有人敲门就心惊肉跳，萧裕就是这样。他帮助海陵干了许多坏事，一听说海陵把他的亲属改为外职，就怀疑海陵要杀他，遂准备谋反，另立辽天祚帝耶律延薄的孙子为皇帝。但最终因事情败露而被海陵杀死。

萧裕可谓死有余辜，因为他本身也不是什么好人，但他被扳倒的缘由的确是一个好友的告密，就这一点上来说，教训是深刻的。

说到底，是因为在朋友面前我们往往说话少了顾忌，加上你认为你的朋友并不是个乱说话、喜欢传言的人，心里更不设防，两杯酒下肚，便把心里话都倒了出来。但是第一，你对别人敞开心扉还要看别人对你是否也能敞开心扉；第二，尽管你的朋友平常不是一个说东道西的人，可当你的心里话涉及他的个人利益时，他是不是有可能偶尔"说东道西"一次，以达到自己的目的。特别是当这种朋友关系与工作有关的时候更要特别注意。

常小雷是一个开朗坦诚的人，对朋友总是敞开心扉，无所不谈。刚参加工作时，有一个同时进单位的同事，由于他们的性格、志向以及家庭等方面的情况都非常类似，便成了"亲密无间"的好友。

工作上的问题常小雷和他一起讨论解决，复杂些的事情他们先分工，最后一起合作，经常工作到凌晨三四点。他们的精诚合作创造了优秀的工作业绩，常小雷和他都受到了上司高度的重视和好评。

那天晚上，又是只有常小雷和他两个人在办公室和电脑屏幕打着交道，又一次在规定的时间内完成了同行看来"不可能完成的任务"。时间晚了，不想回家，两个人索性到一家酒馆喝酒谈心。毫无戒心的常小雷向他诉说了他打算出国深造的梦想，准备工作两年，攒些钱再申请大学。

后来，常小雷意识到上司对他和自己的嘉奖不再一视同仁，他明显比自己更加受到器重。常小雷开始不解，找上司谈话，上司闪烁其词，谈到公司愿意把锻炼机会更多地给那些愿意在公司长期服务的员工等等。

常小雷开始反思，终于明白，是他向上司"汇报"了自己的私人打算，才使得谨慎的上司对自己的忠诚度产生了不信任。

不久，常小雷在公司失去了发展的前途，黯然提出辞职，到了另一个公司。

现在的常小雷学会了和别人"下棋"：在细节上保护好自己，不去深入了解别人，免去许多不必要的烦恼；不让别人了解自己的私人生活，时时注意保护自己，话题一涉及个人就有意撇开；不再参与他人之间的互相了解，办公室成了绝对的"办公"的场所。周围的人也有相处得不错的，但是常小雷不敢也不允许自己把私人感情加到对方身上去。也许可能会从同事发展到朋友，但那一定是已经不在同一个单位了。

永远永远都不要推心置腹地把你的隐私告诉长舌人，否则这就好像在你身边埋了一颗地雷，没爆炸的时候风平浪静，可假如有一天爆炸了，你就彻底完蛋了。

第八章
用心防范爱挑毛病的人

有句俗话叫"鸡蛋里面挑骨头"，形容没事找事，有毛病挑毛病，没毛病找毛病的人。跟这样的人在一起必须拿出十二分的小心，稍有不慎，就会被他挑剔折磨一番。谁都希望身处一个宽容、乐观、积极的生活、工作环境当中，但是既然我们无法选择完全避开爱挑毛病的人，那就只能防着点。

挑毛病不是因为他没毛病

谁也不可能永远正确，爱挑刺的人却不这么认为，他极端地以自我为中心，把自己当成正义的化身，所以，无论你怎么做他都会横挑鼻子竖挑眼。

当罗斯福入主白宫的时候，他坦然承认如果他的判断有75％是对的，他便觉得十分满意了。

像这样一位杰出的伟人都承认自己的判断最高只有75％的正确率，

可以想见，比起他来，你我又有多少正确率呢？

如果你真能做到有 55％ 的判断是对的，你就完全可以到华尔街去日进斗金了。如果你不能确定自己有 55％ 的判断是对的，那又靠什么去指责别人常常犯错呢？

你可以借助眼神、音调，或是手势甚至当面指责来批评别人的错误，但是，当你指出对方的错误时，对方绝不会同意你的观点！因为你已伤害了他们的荣誉和自尊，这只会招致对方的反击，却不会让对方妥协，也不会改变他的观点。也许你会用柏拉图或康德的哲学和逻辑理论给予竭力反驳，但这又有什么用呢？因为你早已伤害了他们的感情。

不要一开始就扬言："我要证明给你看。"这等于向他人表明："我比你聪明，我要让你改变想法。"这种做法实在是场挑战！它无疑会引起反感并可能导致一场冲突。如此一来，要想改变对方的观点根本不大可能。因此，千万不要给自己找麻烦。如果你想证明什么，别让任何人知道，努力地去做好了。

正如诗人波甫所言：你在教人的时候，要好像若无其事一样。事情要不知不觉地提出来，好像被人遗忘一样。

科学家伽利略在 300 多年以前说过：你不能教人什么，你只能帮助他们去发现。

查斯特·菲尔德爵士也告诉儿子：如果有可能的话，要比别人聪明，但不要告诉人家你比他聪明。

苏格拉底也一再告诉弟子：我只知道一件事，就是我一无所知。

我们不可能比苏格拉底更加聪明，所以从现在开始，最好不要再直接指出别人有什么缺点或错误，那是要付出代价的。如果你认为有些人的话不对——是的，就算你确信他说错了——你最好还是这样讲："啊，等等，我有个想法，也许并不对。如果我错了的话，希望你们纠正我。让我们共同来探讨这件事。"无论在任何时候，任何地方绝对没有人会对此言产生反感。

你永远不会因为认错而导致麻烦。而且只有这样才能更好地平息争论，诱使对方也能同你一样地宽容，勇于承认自己的错误。

南北战争期间，有个叫何瑞思·葛里莱的编辑，坚决反对林肯的政策，并且深信能够通过他犀利、残酷的文笔，来改变林肯总统的做法，于是就不辞辛劳，日复一日、年复一年地撰文攻击林肯总统，就在林肯被刺杀身亡的当天，都未曾停止过对他的攻击。

但他这么做，是否真的改变了林肯总统呢？当然没有！批评、指责、谩骂，是永远无法改变任何人的！

其实，有些事情根本就对错难分，还有些事情即便是你对了，也大可不必小题大做，揪住不放。爱挑刺者可不管这一套，在他面前，很多人只有低头服输的份儿。

对爱挑剔的人要有耐心

即使那些嗜好挑剔别人毛病的人，甚至一位正处于盛怒的批评者，也常会在一个具有包容心与忍耐力且十分友善的倾听者面前软化、妥协，因为即便那气愤的找事者像一条大毒蛇正张开嘴巴吐出毒信的时候，他也一定能沉着，克制自己。

以纽约电话公司应付一个曾恶意咒骂接线员的顾客为例：这位顾客态度蛮横、满腹牢骚，十分不容易对付，他甚至威胁要拆毁电话，拒绝支付他认为不合理的费用。他写信发给报社，还向消协屡屡投诉，致使电话公司引起数起诉讼案件。

最后公司中的一位经验丰富的"调解员"被派去访问这位不近情理的顾客。这位"调解员"静静地听着，并对其表示同情，让这位好争论的仁兄尽情发泄他的满腹怨言。

"我在他那儿静听了几乎有3个小时，"这位"调解员"讲述道，"以后我再到他那里的时候，仍然耐心地听他发牢骚，我一共访问了他4次，在第四次访问结束以前，我已成为他正在创办的一个团体的会员，他称之为'电话用户权利保障协会'。我现在仍是该组织的会员。有意思的是，就我所知，除这位先生以外，我是这个地球上它的唯一的会员。"

"在这几次访问中，我耐心倾听，并且同情他所说的每一点。我从未像电话公司其他人那样同他谈话，他的态度慢慢变得和善了。我要见他的真实目的，在第1次访问时没有提到，在随后的两次也没有提到，但在第4次我圆满地解决了这一案件，使他把所有的欠账都付清了，也撤销了向消协的投诉。"

毫无疑问，这位仁兄自认为在为正义而战，在为保障公众的权利而战。但实际上他需要的是自重感。他试图通过挑剔、刁难来得到这种自重感，但在他从公司代表那里得到自重感后，他所谓的满腹牢骚就化为乌有了。

与此类似的还有一个故事。多年前的一个早晨，有一位怒气冲冲的顾客，闯入德迪茂毛呢公司创办人德迪茂的办公室内。

德迪茂先生说：

他欠我们15美元，却不承认这件事，我们的财务部坚持要他付款。在接到我们财务部职员的好几封催款的信以后，他便收拾行装来到芝加哥，冲进我的办公室，告诉我说，他不但不付那笔账，并且准备永远不再买德迪茂公司的东西。

我耐着性子听他说话，几次几乎要中止他，但我知道那对他没有用处，我要让他尽量发泄不满。等他终于冷静下来，可以听进别人说话的时候，我平静地对他说："谢谢你到芝加哥来告诉我这件事，你帮了我一个大忙，因为如果我们财务部的人惹恼了你，他们也准会惹恼别的好主顾，那样就太糟了。真要谢谢你告诉我这一切。"

他似乎有点措手不及，万没料到我会说出这番话。我想他当时肯定有点失望，要知道他到芝加哥来是要向我找事挑衅的，但我在这里反而感谢了他，而不与他争论辩斗。我真心实意地告诉他也许是记错账了，我们打算在账中取消那笔15美元的账款并将此事忘掉。我对他说，他是一个很细心的人，又只需照顾自己的一份账目，而我们的员工却要同时料理数千份账目，所以他会比我们记得更准确。我告诉他我十分能体会他的感受，如果我处在他的位置上，我也会有类似的举动。由于他说不想再买我们的东西，我还向他推荐了几家别的公司。

在那之前，他来芝加哥时，我们常一同用餐。那天我照旧请他吃饭，他似乎不太好意思地答应了，但当我们回到办公室的时候，他马上订下了很多的货物，然后他心情舒畅地回去了。为了表示自己的坦诚，他

重新检查了他的账单，结果发现有一张放错了地方，接着他便寄给我们
15 美元的一张支票，还诚恳地道歉了一番。

如果你甘愿激怒挑刺者，这里有一个最好的办法：决不倾听别人
说话，并且不断地向他谈论你自己。如果别人在谈话时，你有自己不同
的意见，别等他说完，他没有像你一样的伶牙俐齿。为什么要浪费自己
的时间去听他人无谓的闲谈？即刻插嘴，在他一句话还没说完时就打断
他。噢，接下来你的目的就达到了。而且你很快就会变得人见人烦。

因此，如果你希望成为一个善于与人沟通的高手，那你就得先做一
个注意倾听的人。要使别人对你感兴趣，那就先对别人感兴趣。问别人
喜欢回答的问题，鼓励他人谈论自己及他所取得的成就。不要忘记与你
谈话的人，他对他自己的一切，比对你的问题要感兴趣多了。

喜欢挑刺者也是这样，你满足了以他为中心的心理，挑刺便不再是
他的目的，他也可能变得友善、合作起来。耐心倾听如一盆凉水，可以
让挑刺者彻底熄火；但又是一把钥匙，找到挑刺者的心理症结，你就能
打开他的心锁。所以，当你对如何防范吹毛求疵的人手足无措的时候，
那就干脆不妨用倾听来制服他就是了。

可以采取主动认错的策略

向他认错？可是我并没有错。如果你以这个思路看待这个问题，你

就陷入了挑剔—反挑剔—互相指责的怪圈，而双方都期待解决的问题、要办的具体事情反倒不可能得到解决。

一般而言，爱挑毛病的人因为习惯性思维脑子里已先入为主地认为你注定要反驳，并早已做好了与你吵一架的准备。这时候你的主动认错会让他措手不及，不仅可能让他闭嘴，甚至他由此在面对你时再也不会挑三拣四了。

有一位商业美术家，曾用主动认错的方法，得到了一位喜欢责骂别人的编辑的好感。他说："我认识一位美术主任，永远喜欢对小事找错。我常厌烦地离开他的办公室，并非因为他的批评，却是因为他攻击的方法。有一次，我交一件急货给这位编辑，他打电话叫我马上到他的办公室去。我一到就看出他仇视的目光。他极力找机会批评我。他急躁地质问我为什么如此如此做。我说：'先生，如果你说的是真的，那么我错了。对于过失，我绝不推诿。我画图多年，应该知道如何做得更好些，我自己也觉得惭愧。'"

"他立刻开始为我辩护了。'是的，你是对的，但终究这不是一个严重的错误，那不过是……'"

"我阻止了他，'无论什么错误'，我说，'都浪费钱，并且都使人讨厌。'"

"他开始插嘴，但我不让他，我正高兴，因为这是我平生第一次批评我自己。"

"'我应当更小心，'我继续说，'你给了我许多有价值的工作，你应得到最好的工作结果，所以我要将这画重画一次。'"

"'不！不！'他反对说，他称赞了我的工作，并诚实地对我说，他所要的不过是一个小的改动，我的小错对他的公司没有损失；而且，毕竟那不过是一个细微的地方。"

"我批评自己将他所有的怒气都浇灭了。他最后请我吃午饭；在我们分手以前，他给了我一张支票，及另外一件工作。"

曾有一位做父亲的中年人多年来和儿子没有来往。那是因为这位做父亲的以前染上了鸦片瘾，但是现在已经戒除了。根据中国传统，年长的人一般不先承认错误。他认为他们父子要和好，必须由他的儿子采取主动。于是他对别人说他从来没有见过自己的孙子孙女，心里十分渴望和他的儿子一家团聚。但他觉得年轻人应该尊敬长者，并且固执地认为他不让步是对的。

后来，这位做父亲的认识到了自己的错误。"我仔细考虑了这个问题。"他说，"戴尔·卡耐基说，'如果你错了，你就应该马上坦诚地承认你的错误。'我早就该坦诚地承认我的错误。我错怪了儿子。他不来看我，是完全正确的。我去请求晚辈原谅我，固然使我很没面子，但是犯错误的是我，我就应该承认错误。"听他这么说的人都为他鼓掌，并且完全支持他前去和儿子一家和好。最后，他终于带着歉意和真诚来到他儿子家里，请求并且很快得到了原谅。自此开始他和他的儿子、儿媳妇，以及终于见到面的孙子孙女建立起了新的关系。

艾伯·赫巴是一位颇有争议，且具有怪异作风的作家，他那尖酸的笔触经常惹起读者强烈的不满。但是赫巴那少见的做人处世技巧，却常常将他的敌人变为朋友。

例如，当一些愤怒的读者写信给他，表示对他的某些文章非常不满，结尾又痛骂他一顿时，赫巴就这样回复：

仔细回想起来，我也不是十分满意自己。对于昨天所写的东西，今天也许已经有了变化，并且我自己也有些不满意。很高兴能知道你对这件事的看法。如果下回你在附近时，欢迎光临寒舍，很愿意与你交换看法。谢谢你的真诚。

如果你是对的，你要温和地、巧妙地去得到人们对你的认可；当你是错的时候——如果你对自己诚实——你要当即真诚地承认自己的错误。这种方法不仅能产生惊人的效果，而且在很多情形之下，比为自己辩护更有收效。

不要忘了那句古训："用争夺的方法，你总难以得到满足，但用让步的方法，你可得到比你期望的更多。"

对付爱挑毛病的上司要对症下药

遇上一个爱挑毛病的上司绝不是件让人开心的事情，但这是你无法选择的，逃避更不能解决实际问题。爱挑毛病的上司也并不是千人一面，各有各的特点，也各有各的弱点，只要摸清他的"病症"对症下药，跟他之间还是可以做到相安无事的。

第一种类型是缺乏信任型的上司。

有的上级在嘱咐下属做事时，加上一句"别搞砸了呀"，"不要再出什么闪失了"，"我怀疑你的能力"等等，以为用这样的话便可提醒下属加倍注意。然而事实却相反，一些下属听了这种话心中会很不快乐，他会想："既然这么怀疑我，你自己去做好了，干吗要我干呢？"有的上级因不信任手下人，而邀请其他部门的人来做本该由下属做的事，这更令下属感到尴尬，甚至愤怒。如果你的上级也有这些"症"状，你可尝试用下列方式应对：

（1）当自尊心被刺伤时，要用坚强的毅力去克服困难，相信逆境更可出人才。将对方的不信任化为促使你向上的动力。

（2）不必直接向上级抱怨，表示委屈。可通过要好的同事，旁敲侧击。如果上级信任你这位同事，则效果更佳，因为人都会爱屋及乌的。

（3）有了小的成绩，不要沾沾自喜、尽力炫耀，而要把名利让给上级，赞扬这是他栽培的结果。他会认为你很明事理，以后愿意把一切成功的机会留给你。

（4）做那些你能做得很漂亮、很成功的小事，不要嫌其微小、烦琐。能把小事做得很潇洒，才能把大事做成功。许多上司也常用这种方法考验下属。如果你粗心大意，不屑为之，认为大材小用，造成效果不佳，那么，上级更会认为你是个什么都干不好的无用之才，会更加轻视你。

第二种类型是一味指责型的上司。

有的上级不愿意用表扬激励下属，而是好挑剔、指责。这种人有二类：一类是水平较高，认为你应该把一切都做得很好，干得漂亮是应该的，做得不好便是无能。因为他总是用自己的能力和水平，来要求水平能力不同的下属，所以总是不满意；再一类就是嫉妒心较强者，从不承认别人的优点，没有尊重他人劳动成果的习惯，更不懂表扬的艺术。不会设身处地考虑下属的难处，也不肯亲自去实践，只是坐在上面发议论，以为不挑出毛病，就不足以显示自己的水平高，不足以证明自己的价值。你的对策是：

（1）迅速摸清上级的工作路数、好恶情况，按上级的要求开展工作，以免费力不讨好，走弯路、白辛苦。

（2）多请教。工作中多吸取上级的意见。如果你的工作成绩中有他的指导成分，有他的心血，自然他就不会否定，转而会肯定和赞扬。当别人挑剔时，上级也许还要为你辩解。

（3）多汇报，让上级知道你在干什么。不仅汇报困难，更重要的是介绍如何克服困难。

（4）当上级肯定、表扬你时，要表现得欢欣鼓舞，并加倍努力，以使其感觉到表扬比挑剔更富有魅力。

（5）让上级了解你的全面情况，以确信在某一个方面的欠缺，并不代表一个人的整体水平。

第三种类型是乱发脾气型上司。

当你遭遇到"暴脾气"上司的无端指责后，你可与上司进行一次真诚而深入的沟通，让上司了解你的工作态度，同时你也要了解上司的具体要求，以便在今后的工作中减少这种冲突。如果你的上司并不是有意陷害你，相信通过你的努力会与上司达成谅解。当然，也有些上司会故意为难你，在这种情况下，如果你觉得自己与上司确实势不两立，那么你应该另寻他主了。

如果你是一位刚刚上任的新部门主管，那么下面几条措施有助于你减少与上司的冲突。

（1）了解你的上司与你自己。应了解你的上司是何种类型的领导，然后看看你自己，是不是你上司满意的那种员工。如果不是，就要看看自己有没有改进的余地。

（2）作为部门主管人员，你的工作方式以及你的为人方式与上司保持协调一致是十分重要的。举例说，如果你的上司较容易发脾气，你协调的方式最好是保持沉默。

（3）遇到上司对你发脾气的时候，如果这个脾气发得对，你就必须承认错误并且做出承诺如何去改正或提高，而不是对错误进行辩解。如果他的脾气发得不当，你可以给他指出并且向他把事情解释清楚，告知他不应当对你发脾气，而且，你这样与他达成谅解后还可以为他提供一些解决问题的建议。

（4）明确上司的工作要求。这包括上司要求你达到的工作目标，工作方式。在这一方面，部门主管应尽力达到上司的要求，如果达不到，应及早向上司反映。

你可以选择不同的服务单位，但无法选择自己的上司，只有对他多一些了解和适应，才不致因为他的爱挑毛病而影响自己的工作。

对挑剔者不能一味退让

吹毛求疵的人绝非对谁都一视同仁，相反，越是这样的人越喜欢欺软怕硬。他对地位比自己高、力量比自己强、不好惹的人常三缄其口，而对谦恭礼让的人的则板起一副高高在上的面孔。对此你若不做反击、一味退让，那他欺负起你来是不会手软的。

一位广告事务所的新部门主管，打算按自己的想法处理一些客户的委托材料。公司会议上，他谈到这个打算，没想到他的老板脸色下沉，嘴唇发颤，竟勃然大怒起来，嚷着要这位新职员立即打电话给顾客，承认自己对广告业务一窍不通，并保证不退回委托材料。

几个月过去了，这位主管渐渐观察到，老板实际上是个欺软怕硬的家伙，你越想避开他，越容易惹火上身。

恢复了这种自信，再加上对老板习性的进一步了解，他逐渐适应了老板的粗劣行为。"如果他提高声调对我说话，我也不示弱，同样提高我的声调。"果真，这位老板对他的态度开始有所收敛，尽管心底很不情愿。后来这位年轻人竟得到提拔。

虽然，对这种恃强欺弱的上司采取对着干的办法常能奏效，但弄不好也容易把事情搞僵。因此，我们不妨试试另一种与之迥然不同的对策：待上司平息下来后，再和他论长短。

无论你决定采用何种对策，千万记住一条那就是要尽早付诸行动，而且越快越好。另外，即使与上司发生争执，也应尽可能地在私下了结，以免挫伤面子，如果你的老板依然我行我素，还可以采用以下几种消极等待的策略。

在上司发火的时候，保持沉着、镇静，对自己说："别理会他，他的脾气不是冲我来的。"将注意力转移到上司身上某个滑稽的地方。比如，他颚下脂肪肥厚，你就可以细细观察他吼叫时那部分肉体的颤动。只要你意识到即使是最爱向别人施淫威的人也有缺陷时，你就能在他们的面前充分地放松自己。

待上司精疲力尽的时候，再这样回敬他："我没听清你究竟说了些什么？你得把话说慢些才好。"

总之，对于爱挑毛病的人尽管不应针锋相对，也大可不必一味退缩，要找准机会让他明白：不跟他一般见识绝不是软弱好欺。

不能和挑刺者一样小肚鸡肠

拥有再多的财富也不一定让一个人快乐起来，而拥有了一个开阔的心胸，你就能做一个快乐的人。对于别人的挑刺、找碴，根本不放在心里，你又能奈我何？做人就是这样，如果你过于苛刻，就容易失去人缘。与人相处时，难免会有一些差异，会有一些小矛盾，对别人的小缺点不要太在意，千万不要做一个小肚鸡肠、神经过敏的人，否则没人喜欢和你做朋友。

宋朝的吕蒙正，不喜欢与人斤斤计较。他刚任宰相时，有一位官员在帘子后面指着他对别人说："这个无名小子也配当宰相吗？"吕蒙正假装没听见，大步走了过去。其他参政为他愤愤不平，准备去查问是什么人敢如此胆大包天，吕蒙正知道后，急忙阻止了他们。

散朝后，那些参政还感到不满，后悔刚才没有找出那个人。吕蒙正对他们说："如果知道了他的姓名，那么就一辈子也忘不掉了。这样的话，耿耿于怀，多么不好啊！所以千万不要去查问此人姓甚名谁。其实，不知道他是谁，对我并没有什么损失呀。"当时的人都佩服他气量大。

谁人背后没人说，谁人背后不说人？别人说你两句，就让他说吧，只要无伤大雅。如果非要和别人较劲，那不是给自己找难受吗？吕蒙正身为一朝宰相，犯不着啊。

做人是这样，做事情也是这样。

宋太宗时期，有人上奏说在汴河从事水运工作的官吏中，有人私运官货到其他地方卖，影响到周围的一些人，众人颇有微词。听了这话，太宗向左右说：

"要将这些吸血鬼完全根除实在不是容易的事，这就像以东西堵塞鼠洞一样无济于事。对此，不可以过于认真，只需将有些做得过分，影响极坏的首恶分子惩办了即可。如有些官船偶有挟私行为，只要他没有妨碍正常公务，就不必过分追究了。总之，这样做也是为了确保官运物资的畅行无阻呀！"

站在一旁的宰相吕蒙正也表示赞同，他说：

"水若过清则鱼不留，人若过严则人心背。一般而言，君子都看不惯小人的所作所为，如过分追究，恐有乱生。不若宽容之，使之知禁，这样才能使管理工作顺利开展。从前，汉朝的曹参对司法与市场的管理非常慎重，他认为在处理善恶的执法量刑上应该有弹性，要宽严适度。谨慎从事，必然能使恶人无所遁形。这正如圣上所言，就是在小事上不要太苛刻。"

不过分吹毛求疵，凡事皆留有回旋的余地，对微末枝节的小事不妨姑且放过，这乃是大部分中国人的处事为人的信条。

　　律己要严，待人要宽，千万不要拿显微镜看人，因为在显微镜下绝对没有完人。做事情也不要太琐碎，鸡毛蒜皮的小事不要去管，谁的小事让谁自己去管好了。

　　这是寻找快乐的不二秘方。相反，如果你就是不想快乐，那就做一个挑剔鬼好了。心胸放不开、小事放不下的人本就与快乐无缘。

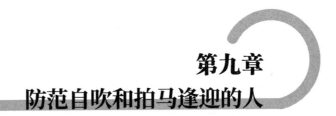

第九章
防范自吹和拍马逢迎的人

自吹自擂和拍马逢迎如果只是"自娱自乐"也无关大碍，但如果是为了达到某种个人的目的，那你就不能不防了。心不设防的人遇人遇事人家一吹就信，一拍就晕，最后只有吃亏上当的份儿。而一旦拉起一条防人自保的底线，就不会被这些小把戏伤到自己了。

大力捧人者往往有自己的野心

有的人捧人不过是遇景生"情"，有的人是死吹滥捧。这些人的捧术都不精，捧功都不算高。还有一种人则不同，他可以在捧字上下足功夫，小处、细处、奇处、险处，总之，只要能让人家高兴，他什么都能想到了。被捧的人既已被抬到云里雾里，即使知道他在吹捧，也乐得享用。清末有名的大太监李莲英靠的就是胆大心细的吹捧术把人捧圆了，也把自己捧鼓了。

慈禧在权力斗争中杀人不眨眼，却偏喜欢拿一副积德的样子给人看看。特别是 60 大寿之际，更要做出一番"功德"来，好让天下世人都知她慈禧有好生之德。李莲英见拍马的机会又到了，就绞尽脑汁地想出并试验出一些绝招来奉承慈禧。

60 大寿这一天，慈禧按预先安排好的计划，在颐和园的佛香阁下放生。一笼笼的鸟摆在那里，慈禧亲自抽开鸟笼门，鸟儿自由飞出，腾空而去。李莲英让小太监搬出最后一批鸟笼，慈禧抽开笼门，鸟儿纷纷飞出，但这些鸟儿在空中盘旋了一阵，又叽叽喳喳地飞回笼中来了。慈禧又惊奇又纳闷，还有几分高兴，便问李莲英说："小李子，这些鸟怎么不走哇？"李莲英跪下叩头道："奴才回老佛爷的话，这是老佛爷德威天地，泽及禽兽，鸟儿才不愿飞走。这是祥瑞之兆，老佛爷一定万寿无疆！"

一般说来，李莲英这个马屁可谓拍得极有水平，但这次却拍马屁拍到马腔上，慈禧太后虽觉拍得舒服，但又怕别人笑话她昏昧，为了要显示一下"英明"，于是怒斥李莲英道："好大胆的奴才，竟敢拿驯熟了的鸟儿来骗我！"

李莲英并不慌张，他不慌不忙地躬腰禀道："奴才怎敢欺骗老佛爷，这实在是老佛爷德威天地所致。如果我欺骗了老佛爷，就请老佛爷按欺君之罪办我。不过，在老佛爷降罪之前，请先答应我一个请求。"

在场的人一听，李莲英竟敢讨价还价，吓得脸都白了，哪个还敢吱声。大家知道，慈禧虽号为老佛爷，实在是一个杀人不眨眼的刽子手，许多因服侍不周或出言犯忌的都被她处死，哪个敢像李莲英这样大胆。

慈禧听了这话，立刻铁青着脸，说："你这奴才还有什么请求？"

李莲英说："天下只有驯熟的鸟儿，没听说有驯熟的鱼儿。如果老佛爷不信自己德威天地，泽及鱼鸟禽兽，就请把湖畔的百桶鲤鱼放入湖中，以测天心佛意，我想，鱼儿也必定不肯游走。如果我错了，请老佛爷一并治罪。"

慈禧也有些疑惑，便来到湖边，下令把鲤鱼倒入昆明湖。真也奇了，那些鲤鱼游了一圈之后，竟又纷纷游回岸边，排成一溜儿，远远望去，仿佛朝拜一般。这下子，不仅众人惊呆了，连慈禧也有些迷惑。她知道这肯定是李莲英糊弄自己，但至于用了什么法子，她一时也猜不透。

李莲英见火候已到，哪能错过时机，便跪在慈禧面前说："老佛爷真是德配天地，如此看来，天心佛意都是一样的，由不得老佛爷谦辞了。这鸟儿不飞去，鱼儿不游走，那是有目共睹的，哪是奴才敢蒙骗老佛爷，今天这赏，奴才是讨定了。"

李莲英说完，立刻口呼万岁，拜起来，随行的太监、宫女、大臣，哪个不来凑趣，一齐跪倒，真乃人、鱼、鸟共贺。事情到了这份上，慈禧太后哪里还能发怒，她满心欢喜地把脖子上挂的念珠赏给了李莲英。

据后人回忆说，李莲英先把鱼虫放在纱笼里，固定在岸边，鱼虫慢慢地从纱笼里钻出来，便在岸边布满了一溜儿，鲤鱼要吃鱼虫，当然就会游到岸边来了。

像李莲英这样的人可怕之处在于他能出新出奇，能制造"捧机"。这样的人极易获得比别人多得多的机会，而他一旦拥有了这些机会，他会用来干正事吗？跟这样的人交往，无论他对你如何甜言蜜语，千万别把他当朋友，因为他捧的目的绝不在情上而是在利上。

警惕以蒙和骗开路的吹捧者

有人说，善吹捧的人一般也都善蒙骗，这话不假。但吹捧和蒙骗术所使用的环境并不完全相同。

和珅靠吹捧起家并且一辈子都没停止过吹捧，但在他功成名就之后蒙骗的手段就使得越来越多了。与和珅是个吹捧的高手不同，南宋大奸臣贾似道更擅长欺骗。

宋理宗过世后，度宗即位。度宗本是理宗的皇侄，因过继为子而即位，时年 25 岁。度宗上台之后，曾一度亲理政事，限制大奸臣贾似道的权力，显得干练有为，确实干了几件好事，朝野上下为之一振，觉得度宗给他们带来了希望。贾似道的权力受到了极大的限制，有人上书弹劾贾似道。贾似道看到，如果这样下去，自己将会有灭顶之灾。

于是，贾似道精心设计了一个巨大的阴谋。

他先弃官隐居，然后让自己的亲信吕文德从湖北抗蒙前线假传边报，说是忽必烈亲率大兵来袭，看样子势不可挡，有直取南宋都城临安之势。度宗正欲改革弊政，励精图治，没想到当头来了这么一棒。他立刻召集众臣，商量出兵抗击蒙军之事。宋度宗万万没有想到，满朝文武竟没有一人能提出一言半语的御兵之策，更不用说为国家慷慨赴任，领兵出征了。

这一切，使得度宗心惊肉跳，他不得不想起朝廷中唯一的一位能抗击蒙军的，创出了"鄂州大捷"的英雄贾似道。他深深地叹了口气，在无可奈何之下，只好以皇太后的面子，请求贾似道出山。谢太后写了手谕，派人恭恭敬敬地送给贾似道。这么一来，贾似道放心了。他可得拿足了架子再说，先是搪塞不出，继而又要度宗大封其官。度宗无奈，只好给他节度使的荣誉，尊为太师，加封他为魏国公。这样，贾似道才懒洋洋地出来"为国视事"。

贾似道知道警报是他令人假传的，当然也要做出慷慨赴任、万死不辞甚至胸有成竹的样子。于是他向度宗要了节钺仪仗，即日出征，这真令度宗感激涕零，也令百官惶愧无地。天子的节钺仪仗一旦出去，就不能返回，除非所奉使命有了结果，这代表了皇帝的尊严。贾似道出征这一天，临安城人山人海，都来看热闹。贾似道为了显示威风，居然借口当日不利于出征，令节钺仪仗返回。这真是大长了贾似道的威风，大灭了度宗的志气。等贾似道到"前线"逛了一圈，无事而回，度宗和朝臣见是一场虚惊，庆幸尚且不及，哪里还顾得上追查是谎报不是实报呢。

贾似道"出征"回来后，度宗便把大权交给了他，贾似道还故作姿态，再三辞让，屡加试探要挟，后见度宗和谢太后出于真心，他才留在朝中。这时，满朝文武大臣也争相趋奉，把他比做是辅佐成王的周公。通过这场考验，年轻的度宗对朝臣完全失去了信心，他至此才理解为什么理宗要委政于贾似道。原来满朝文武竟无一人可用，贾似道虽然奸佞，但在困难当头之际，只有他还"忠勇当前"，敢于"挺身而出"。度宗哪里知道，满朝文武懦弱是真，贾似道忠勇却是假。度宗被瞒，不知不觉地坠入了贾似道的奸计之中。从此，度宗失去了治理朝政的信心和热情，把大权往贾似道那里一推，纵情享乐去了。

贾似道再一次"肃清"朝堂，他在极短的时间内，把朝廷上下全换成了自己的亲信，甚至连守门的小吏也要查询一遍，这样，赵宋王朝实际上变成了贾氏的天下。

其实细一思量，蒙古大军当前，即使你能大权独握，又能偏安几时？但贾似道之流偏偏不这样想，他有极聪明处，可把所有的聪明都用在了蒙上瞒下上面了，这是他的小聪明大愚蠢之处，也正是他的可怕之处。度宗对此毫无警惕，受骗上当也算自作自受。

注意防范捧人者的下三烂功夫

善吹捧的人知道，于正事上无所作为的人你就不能在正事上吹捧他，同时，在正事上不行的人吃喝玩乐等下三烂功夫肯定有一套。于是他就抓玩乐这一点不放大作文章，明着吹捧暗里迎合，只要把人哄高兴他什么招都使，反正不管别人怎么样我自己的目的达到了。

宋朝的王黼，论相貌可谓一表人才，长得"美风姿，面如傅粉"。但为了爬上高位，他不断地寻找雄厚的政治靠山。当时居相位的张商英已不为徽宗欣赏，宋徽宗又召见已罢相的蔡京于钱塘。善于观察政治风向的王黼看到蔡京大有再度为相的可能，便开始了新的投机。他先是为蔡京歌功颂德，后又"击商英"，"劾商英去位"。王黼的这次投机大获成功，蔡京复相后，为了感谢他的助己之德，连连将他提拔，由校书郎骤升到御史中丞的官位，官运亨通，飞黄腾达。

为了博得皇帝的欢心，王黼在宋徽宗面前更是媚态百出，不成体统，全然不顾自己的大臣身份。侍宴时，王黼为了给徽宗助兴，常常"短衫窄胯，涂抹青红，杂倡优侏儒，多道市井淫蝶谑浪语"，"亲为俳优鄙贱之役，以献笑取悦"。有时在玩耍集市的游戏时，由王黼扮演市令，徽宗则故意责罚"市令"，用鞭子抽打王黼取乐。王黼则连连哀求徽宗："求求尧舜贤君，您就饶了我这一回吧！"君臣玩得十分尽兴，旁观者则啼笑皆非。

浪荡皇帝宋徽宗还喜欢微服出游以消愁解闷，有时甚至寻花问柳。王黼作为副相大臣，不但不予劝止，反而大加怂恿，还经常随侍，君臣共作逍遥游。一次微行时，路遇一堵墙头挡道，王黼便立即送上肩膀，徽宗踩着他的肩头，准备翻越过墙，可是还嫌王黼肩头矮了一点，于是徽宗对王黼喊道："耸上来，司马光！"王黼则戏答："伸下来，神宗皇帝！"

与王某的厚颜无耻相对应，屠岸贾为了在玩乐上捧出花样让"老板"高兴，甚至连良心都不要了。屠岸贾是春秋时期晋国人，出生于奴隶主贵族家庭。灵公时任大夫，景公时任刑狱的司寇。作为国家重臣的屠岸贾，不仅不去劝谏国君励精图治，反而极尽阿谀逢迎之能，为君主出谋划策，想方设法谑戏纵乐，从而使国政荒废，民力空耗，内忧外患空前严重。

晋灵公一生荒淫无度，晚年尤甚，他用强行从民间征来的苛捐杂税，大兴土木，广修宫殿庭园。有一次，他命屠岸贾在晋都城内建一座花园。屠岸贾受命后找到各地的能工巧匠，精心设计，昼夜施工，很快建造了这座花园。园中筑有三层高台，中间建起一座"绿霄楼"，凭栏四望，市井均在眼前。园中又遍植奇花异草，因桃花最盛，每到开花之季如锦似绣，故此园名为"桃园"。

竣工之后，灵公赞不绝口，心中就更加宠爱屠岸贾了。此后，灵公一日几次登楼观戏，或观览，或饮酒，有时还张弓弹鸟，与屠岸贾赌赛取乐。一天屠岸贾召来艺人在台下献艺，园外聚集了很多看热闹的百姓。灵公一时兴起，对屠岸贾说："弹鸟不如弹人，咱俩比试一下，看谁打得准。击中眼者为胜，中肩为平，要是打不中的话，用大斗罚酒，你看怎么样？"屠岸贾欣喜应允。于是，两人一个向左、一个向右，高喊："看弹！"一个个弹丸如流星般飞向人群，有人被弹去半个耳朵，有人被击瞎眼睛，顿时人群大乱，哭喊着拥挤着争相逃命。灵公大怒，命左右会放弹的侍从全都操弓放弹，一时间，弹如雨点般向人群飞去，百姓伤残无数，惨不忍睹。灵公见状，狂笑不止，连弓掉到地上都不知道。他边笑边对屠岸贾说："我登台数次了，数今天玩得最痛快。"

在屠岸贾的怂恿之下，晋灵公骄奢日甚。为了进一步取悦晋灵公，屠岸贾亲自率人到全国各地挑选良家美女，只要中意即抢夺回京，送入桃花园供灵公淫乐。此后灵公对屠岸贾更加宠爱了。

晋灵公与屠岸贾狼狈为奸，朝野上下怨声载道。许多正直的官吏对此曾多次直言进谏，劝晋灵公收敛其种种不道之举，以仁治国，以德安民。对此，晋灵公是本性难移。而屠岸贾不仅不阻劝，还千方百计怂恿晋灵公迫害、杀害进谏的忠良之士。因为只有这样，他才能在昏君的保护之下，大售其奸，使其受宠的地位得以巩固，在政治上、经济上得到其他人都难以得到的利益。

晋灵公、宋徽宗恐怕死到临头还把屠岸贾、王黼之流当成知己，这一方面在于捧人者等用淫欲玩乐之类的下三烂功夫投其所好，另一方面也在于被捧者只知享乐而不存一点防范之心，落得个国破身死的结局，又怪得了谁呢？

防人行骗首先在于防其吹捧的心理攻势

没有人喜欢被蒙蔽、被欺骗，一个人一旦意识到自己上当受骗，大多咬牙切齿、痛心疾首，因为被骗的滋味确实不好受。唯其如此，人们对欺骗的防范用不着提醒已成为一种自主意识，尤其是生意往来和出门在外，人们对陌生人持有极高的戒心，人们不愿意轻易相信任何一个人，即使是好心提供帮助的人，这是我们这个社会的最大悲哀。但即使这样，一幕幕受骗上当的话剧仍每天都在上演，因为骗人的人总是比防骗的人棋高一招，他能抓住你怕骗的心理，一步一步地降服你。

一位从德国回来的华侨，准备到一家非常有名气的字画大商店选购几张齐白石的画，他花了将近一万美元买得了两幅齐白石先生的作品，老板赌咒发誓地说是真迹，而且还附着有关部门的证明。闲谈中，华侨留下自己的名片和自己所住宾馆的名字。

华侨兴致勃勃地把画带回宾馆，请当地画院的画家朋友鉴赏，不料其中一位正是对齐白石先生的画技有过深入研究的老画家，他一眼看出画是赝品，并指出证据。华侨听了，十分惊讶，也十分恼怒，决定第二天到那家画店去理论。

但还没到第二天，他便接到书画商店老板打来的电话，老板一再道歉，称自己当时匆忙中将两幅临摹的作品卖给了他，商店打烊后，他检查账务和收检书画时才发现，并请那位华侨明天一早去商店换回或退款。

那位华侨接到电话，感动不已。第二天，他卷着画去了画店，老板香茶相敬，再三就昨天的事道歉，并说如果华侨有意买，他可以将现存的两幅真迹以合适的价格出售，如果他不愿意买，也可以退款。说着，将两幅精心裱装的画从保险柜中取出。

看对方态度这么诚恳，那位华侨反倒不好意思起来，按昨天的原价买走了这两幅真迹。回到德国后，那位华侨突然有一天从一本艺术博物馆办的刊物上看到介绍自己买的这两幅画的文章，文中称，这两幅画现收藏于某艺术研究院内。华侨一下子就傻了。

用小信、用制造假象赢得信任，然后巧设更大的骗局，这就是说"谎"话时惯用的虚实相间、出其不意之术。

像这样的骗人精就连被骗者在痛定思痛之后恐怕也不能不佩服其手段的高超。当然，大千世界无奇不有，骗人的招数也可谓"争奇斗艳"。像假中奖、假古董之类的骗术我们听得多了，但多是一些俗不可耐、骗骗财迷心窍的老太太的把戏。还有一种"雅骗"则显得"文雅"和"有趣"得多。

罗亚琼小姐快40了，还没有结婚。多年来她一直在一家会计师事务所工作，为人严谨，性格沉稳执着。

夏天，生活在南部城市的姨妈生病去世了，罗亚琼小姐只身前去奔丧。

火车上，她独自倚窗而坐，观看窗外优美的田园风光。这时候走过来一位英俊的中年男子，他指着罗亚琼旁边的空位很有礼貌地问道："对不起，请问这儿有人吗？"

罗亚琼小姐对这位先生点了点头，说了声请。这位先生便坐了下来，然后非常爽朗地自我介绍："我叫麦克伦，很高兴认识你。"

罗亚琼小姐朝他友好地点了点头。过了一会儿，麦克伦先生转过脸来仔细地打量罗亚琼小姐，很惊讶地叫了一声："啊，天哪，怎么会这么巧，我们又见面了。"

罗亚琼小姐吃惊地望着麦克伦许久，脸上布满疑惑："我是罗亚琼。先生，我想你大概认错人了。我不认识你。"

"对对对！罗亚琼小姐，我认识你，我没认错人，你还记得去年夏天在海滨浴场吗？"

夏威夷海滨浴场风景优美，气候宜人，每到夏天就有成千上万的旅游者蜂拥而至，报纸、广播、电视几乎天天都有关于夏威夷海滨浴场的广告与报道。"可是，"罗亚琼小姐说，"先生，我没有去过北海。"

"罗亚琼小姐，你怎么能将一切都忘得一干二净呢？当时你在夏威夷海滨浴场时可真开心啊。你那么年轻、漂亮、举止优雅，我们好几位朋友都像我一样，对你充满了爱慕。"

"这是真的吗？"罗亚琼小姐忍不住问自己。是的，她多次梦想过自己要去海滨度假。可是每年夏天，她又放弃了这种想法，人家都是一家老小，或同自己的情人一道，我一个单身女子去那种地方太不方便。于是，她又每次放弃了这种打算。

"你真的一点也不记得了吗？罗亚琼小姐。当时你穿着一件淡绿色的游泳衣，上面还绣着几朵小绒花，真是太漂亮了。你还说，你多年以来，就一直梦想着来海滨，对吧？"

罗亚琼小姐的确喜欢绿色衣物与丝绒花，今天她还穿着一件绿衬衣呢，领尖上分别绣着两朵绒花。不过不细心的人是看不出来的。

"说真的，夏威夷的牡蛎可真是不错，那股鲜味我至今还余香在口啊！"麦克伦先生说得有些忘情了，"罗亚琼小姐，你还记得吗，你当时给那个送特饭来的侍者十元钱的小费，侍者直夸你，说你是位善良的小姐，还祝你永远健康漂亮哩！记起来了吗？"

罗亚琼小姐好像想起什么来了，她付小费的确十分慷慨，在火车站站台上，她给行李员也付了十元钱。慢慢地，她觉得自己是到过海滨。

麦克伦先生继续追述着去年他们在海滨的故事，罗亚琼小姐对麦克伦先生所讲的事一点也不怀疑了，还不时指出麦克伦先生讲述中不准确的地方。

接着他们谈到了彼此职业生涯中的许多事情。麦克伦先生可真是个有趣的人，他的故事一次又一次让罗亚琼小姐发出欢快的笑声。后来罗亚琼小姐主动建议两人一道去餐车喝点饮料。他们一道返回车厢的时候，已经谈笑风生，谁都看得出来，他们像是一对多年的老相识了。

车到下一站的时候，麦克伦先生突然问："已经到站了吗？这么快我就得下车了！"

二人互相留了通讯地址与电话号码。麦克伦先生下车后，罗亚琼小姐一直目送着他走出站台。

列车开动后，列车员走过来验票，罗亚琼小姐一摸口袋，大惊失色，她装有五千多美元的小包里已经空空如也，火车票也不见了踪影。

那个骗子麦克伦先生一遍又一遍地对罗亚琼小姐进行攻心战术，描述那次子虚乌有的海滨之行，让罗亚琼小姐在不断重复与强调中掉入幻觉之中，进而和骗子一道欺骗自己。这个骗子可恨也有其可爱之处，你与其说他是个骗子，不如说他是个精通女人心理的心理学家。

可见，骗人者的攻心战术还是颇具威力的，尤其当他以吹捧开路的时候，对此我们能不设防吗？

记住好说大话者的嘴脸

相比之下，在吹捧蒙骗当中吹的危害相对小一些。吹也分两种，一种是以吹行骗，吹的目的是让人相信自己子虚乌有的东西，从而蒙别人一把；另一种则纯粹为了挣面子，久而久之吹就成了他的语言习惯，人们习以为常之后，吹不仅给他挣不来面子，却使他丢尽面子。

吴研人的小说《二十年目睹之怪现状》里，就描述了一个破落户，穷困潦倒，却还要装样子充阔，结果在众目睽睽之下丑态百出。故事讲的是：

有一天，高升到了茶馆里，看见一个旗人进来泡茶，却是自己带的茶叶，打开了纸包，把茶叶尽情放在碗里时，那堂上的人道："茶叶怕少了吧？"

　　那旗人哼了一声道："你哪里懂得，我这个是大西洋红毛法兰西来的上好龙井茶，只要这么三四片就够了，要是多泡了几片，要闹到成年不想喝茶呢。"

　　堂上的人，只好给他泡上了。高升听了，以为奇怪，走过去看看，他那茶碗中间，飘着三四片茶叶，就是平常吃的香片茶。那一碗茶的水，莫说没有红色，连黄也不曾黄一黄，竟是一碗白泠泠的开水。高升心中已是暗暗好笑。

　　后来他又看见他在腰里掏出两个钱来，买了一个烧饼在那里撕着吃，细细咀嚼，像很富有的光景。吃了一个多时辰方才吃完。忽然又伸出一个指头儿，蘸些唾沫，在桌上写字，蘸一口，写一笔。高升心中很以为奇，暗想这个人何以用功到如此，在茶馆里还临字帖呢。细细留心去看他写什么字。原来他哪里是写字，只因为他吃烧饼时，虽然吃得十分小心，那饼上的芝麻，总不免有些掉在桌上，他要拿舌头舔了，拿手扫来吃了，恐怕人家看见不好看，失了架子，所以在那里假装着写字蘸来吃。看他写了半天字，桌上的芝麻一颗也没有了。他又忽然在那里出神，像想什么似的；想了一会，忽然又像醒悟过来似的，把桌子狠狠地一拍，又蘸了唾沫去写字。你道为什么呢？原来他吃烧饼的时候，有两颗芝麻掉在桌子缝里，任凭他怎样蘸唾沫写字，总写不到嘴里，所以他故意做忘记的样子，又故意做成忽然醒悟的样子，把桌子拍一拍，那芝麻自然就震了出来，他再做成写字的样子，自然就到了嘴了。

　　烧饼吃完了，字也写完了，他又坐了半天，不肯去。天已晌午了，忽然一个小孩子走进来，着他道："爸爸快回去吧，妈妈要起来了。"

　　那旗人道："你妈要起来就起来，要我回去做什么？"那孩子道："爸爸穿了妈的裤子出来，妈在那里急着没有裤子穿呢！"

旗人喝道："胡说！妈的裤子，不在皮箱子里吗！"说着，丢了一个眼色，要使那孩子快去的光景。

那孩子不会意，还在那里说道："爸爸只怕忘了，皮箱子早就卖了，那条裤子，是前天当了买米的。妈还叫我说：屋里的米只剩了一把，喂鸡儿也喂不饱了，叫爸爸快去买半升米来，才能做中饭呢。"

那旗人大喝一声道："滚你的罢！这里又没有谁跟我借钱，要你来装这些穷话做什么？"

那孩子吓得垂下了手，连应了几个"是"字，倒退了几步，方才出去。

那旗人还自言自语道："可恨那些人，天天来跟我借钱，我那里有许多钱应酬他，只能装着穷，说两句穷话；其实在这茶馆里，哪里用得着呢。老实说，咱们吃的是皇上家的粮，哪里就穷到这个份儿呢！"说着，站起来要走。

那堂上的人，向他要钱。他笑道："我叫这孩子气错了，开水钱也忘了开发。"说罢，伸手在腰里乱掏，掏了半天，连半根钱毛也掏不出来。嘴里说："欠着你的，明日还你罢。"

那个堂上不肯，无奈他身边真的半文都没有，任凭你扭着他，他只说明日送来，等一会送来，又说那堂上的人不长眼睛："你大爷可是欠人家钱的吗？"

那堂上说："我只要你一文开水钱，不管你什么大爷二爷的。你还了一文钱，就认你是好汉；还不出一文钱，任凭你是大爷二爷，也得留下个东西来做抵押。你要知道我不能为了一文钱，到你府上去收账。"

　　那旗人急了，只得在身边掏出一块手帕来抵押。那堂上抖开一看，是一块方方的蓝洋布，上头龌龊的了不得，看上去大约有半年没有下水洗过了，便冷笑道："也罢，你不来取，好歹可以留着擦桌子。"那旗人方得脱身去了。

　　大多数的孩子都喜欢吹肥皂泡，被吹出来的肥皂泡在阳光下闪耀着色彩艳丽的光泽，实为美妙。随着五彩泡泡的不断升高，接着一个接一个纷纷破碎。所以人们常把说空话喻为吹肥皂泡，真是恰当不过。对一些充满各种动听、虚幻诱人的词句，细细咀嚼却没有任何实在的内容，是迟早会破灭的。

　　稍微费点心神记住我们身边好吹大话者的嘴脸，就能正确判断他说的话哪些为真哪些为假，也就不至于被其空口白牙的大话所蛊惑了。